大跨建筑新理论与实践丛书

体育馆天然光环境设计

——从价值谈起

刘滢　刘德明　于戈　著

U0351436

中国建筑工业出版社

图书在版编目（CIP）数据

体育馆天然光环境设计——从价值谈起/刘滢等著.
北京：中国建筑工业出版社，2012.12
　ISBN 978-7-112-15021-2

　Ⅰ.①体…　Ⅱ.①刘…　Ⅲ.①体育馆-建筑照明-照
明设计　Ⅳ.①TU113.6

中国版本图书馆 CIP 数据核字（2013）第033859号

责任编辑：施佳明　徐　冉
责任设计：赵明霞
责任校对：张　颖　赵　颖

大跨建筑新理论与实践丛书
体育馆天然光环境设计
　——从价值谈起
刘滢　刘德明　于戈　著
*
中国建筑工业出版社出版、发行（北京西郊百万庄）
各地新华书店、建筑书店经销
北京嘉泰利德公司制版
北京云浩印刷有限责任公司印刷
*
开本：787×960 毫米　1/16　印张：$13\frac{1}{4}$　字数：256 千字
2012 年 12 月第一版　2012 年 12 月第一次印刷
定价：46.00 元
ISBN 978-7-112-15021-2
　　　　（23121）

导　读

　　胡锦涛同志在中共第十八次代表大会报告中提出建设社会主义生态文明,全面促进资源节约,需要大幅降低能源消耗强度,支持节能低碳产业和新能源、可再生能源的发展,确保国家能源安全。体育馆设计对于比赛厅的光环境有比较高的要求,应力图获得良好的照明效果,营造舒适、高效的光环境。体育馆比赛厅光环境质量直接关系到运动员水平的发挥、裁判视觉判断的准确性以及电视转播的质量。如果完全使用人工照明满足这些要求,其耗电量是相当可观的,将大幅增加体育馆的运营成本。天然采光作为一种无污染、无能耗的照明方式,其能源有取之不尽、用之不竭、安全清洁等优点。良好的天然光照明不仅可以调节比赛厅内部的微气候,有益于使用者的身心健康,还有利于体育运动水平的提高。

　　本书将价值工程理论引入体育馆天然光环境设计。在建设资源节约型、环境友好型社会的经济环境下,针对当前我国体育馆天然光环境设计中的热点问题和体育馆天然光环境价值改善需要的迫切性,本着"以人为本"的宗旨,从新的研究角度解读体育馆天然光环境的功能与价值。坚持使用者第一的观点、系统的观点、创新的观点,在坚持遵循适用、经济、注重美观原则的基础上,依靠理论与实践相结合的创新性探索,营造注重投资效益、资源节约和与环境和谐共生的良好的体育馆天然光环境。

　　首先,构建体育馆天然光环境设计的价值工程理论框架。通过分析基于价值工程理论的体育馆天然光环境设计的可行性与价值认知,在明确价值影响因素与提升的基本途径的基础上,进一步探讨了市场分析和定位。确定体育馆天然光环境设计的价值工程作业实施程序,为体育馆天然光环境设计开展新的设计理念、方法和技术的优化研究奠定基础。

　　其次,在价值工程理论指导下,进行体育馆天然光环境设计的信息收集。通过对我国部分具有代表性的体育馆光环境进行现场调研,对其光环境质量与运营现状进行主观分析与评价。深入研究各类体育运动项目对比赛场地照明的技术要求和体育馆天然采光的负面效应,揭示了体育馆天然光环境设计的技术难题,并结合相关情报的收集与整合,着重介绍了体育馆天然光环境设计的相关先进设计方法与技术信息。

　　再次,对体育馆天然光环境进行功能分析与功能评价。以价值工程活动对象为基础,以体育馆天然光环境的功能为导向,以项目利益相关者的综合需求为前提,将价值追求和价值实现作为体育馆天然光环境设计的最终目标。在充分可靠地满足使用者需求的前提下，对功能和成本进行系统的综合分析，努力寻求用成本低的功能实现手段替代原有的功能实现手段，达到提高和改善体育馆光环境价值，降低全寿命周期成本，节约资源，促进资源的高效和循环利用。

最后，制定体育馆天然光环境设计的优化方案。从可操作性角度，借助实际案例展开体育馆天然光环境设计的方案创造，在有限的投资范围内，提出一系列具有创新性的设计手段。以最低的全寿命周期成本取得必要功能作为多方案详细评价的依据，有效地处理天然光自身的特点与体育馆比赛厅光环境要求之间的矛盾，完成对体育馆天然光环境的最优方案制定与运营后评价，并最终提出最优方案的生成策略。

目　录

第1章 绪论

1.1 研究的缘起

1.1.1 无法替代的价值

进入 21 世纪，随着现代化进程的不断加快和基础设施工程建设以更大的规模加速发展，科学技术在我国社会及国民经济各个领域发挥了越来越大的作用。但是，任何事物都存在着成长和衰败的两重性，其中，人口众多、环境污染、资源相对稀缺是我国城市与建筑发展必须面对的现实。2007 年 2 月 11 日发布的由中国科学院院长路甬祥任主编的《中国可持续发展总纲（国家卷）》[1]，提出了"人与自然"和谐的五大内容：保持生态赤字为零；实现环境胁迫为零；实现资源的生产价值与生态价值的平衡；保持生态容量和区域承载力的合理水平；坚持人对自然的索取必须与人对自然的回馈相平衡。将经济的可持续发展、社会的可持续发展和环境的可持续发展同中国的发展基础、发展阶段、发展态势、发展目标和发展道路紧密地联系在一起。

2006 年，《中国国民经济和社会发展"十一五"规划纲要》[2] 提出"建设资源节约型、环境友好型社会"，进一步落实节约资源和保护环境的基本国策，建设低投入、高产出，低消耗、少排放，能循环、可持续的国民经济体系和资源节约型、环境友好型社会。2007 年 1 月 10 日，建设部、国家发展和改革委员会、财政部、监察部、审计署联合发布的《关于加强大型公共建筑工程建设管理的若干意见》规定对政府投资的大型公共建筑工程造价要加强控制，鼓励建设单位积极推行限额设计。在建筑设计中，要对使用功能、建筑节能、工程造价、运营成本等方面因素进行一体化设计，防止单纯追求建筑外观形象的做法。为提高工程设计水平，设计单位要贯彻正确的建设指导思想，突出抓好建筑节能、节地、节水、节材和环保，提高原创设计能力和科技创新能力，不断提高设计水平，鼓励对大型公共建筑工程的初步设计进行优化设计，提高投资效益。

2012 年 11 月，胡锦涛同志在中共第十八次代表大会所作的《坚定不移沿着中国特色社会主义道路前进 为全面建成小康社会而奋斗》报告中指出："全面促进资源节约。节约集约利用资源，推动资源利用方式根本转变，加强全过程节约管理，大幅降低能源、水、土地消耗强度，提高利用效率和效益。推动能源生产和消费革命，控制能源消费总量，加强节能降耗，支持节能低碳产业和新能源、可再生能源发展，确保国家能源安全。"

以此为目标，建设社会主义生态文明，健全国土空间开发、资源节约、生态环境保护的体制机制，推动形成人与自然和谐发展的现代化建设新格局。

据统计，"建筑业消耗世界 40% 的矿产资源和能源"，我国单位 GDP 的资源、能源消耗明显高于世界平均水平，建筑能耗惊人，建造和使用建筑直接、间接消耗的能源已经占到全社会总能耗的 46.7%。我国现有建筑中 95% 达不到节能标准，新增建筑中节能不达标的超过八成，单位建筑面积能耗是发达国家的 2 ~ 3 倍。其中，面积较大、封闭不开窗且采用中央空调的大型公共建筑的电耗为 100 ~ 350kWh/$(m^2 \cdot a)$，高达住宅的 10 ~ 15 倍[3]。这对社会造成了沉重的能源负担和严重的环境污染，今后，能源、环境问题将会更加突出。我国所谈到的建筑能耗指的是运行能耗，统计学数据显示为 22% ~ 26%，它在全民能源体系中占很大比例。近年来，随着我国建筑业的飞速发展，尤其是城市化进程的加快，建筑能耗比例还在不断增加。其中，大型公共建筑的耗电量巨大，是居民住宅的 10 ~ 15 倍。以北京为例，大型公共建筑的面积只占民用建筑总面积的 5.4%，但是，这 5.4% 的大型公共建筑耗电量却等于北京市住宅的总耗电量，接近全市所有居民生活用电的一半。就电气照明而言，每 1W 的目标照明（照亮工作面）需要制冷电力 33W，电力资源 150W[4]。由于中国的石油和天然气资源相对人口而言十分有限，在未来的终端能源消费结构中，电力的比例将不断扩大。

目前，我国的新型节能建材的生产能力有限，一些建筑节能技术的实际应用水平相对较低，缺少有针对性的建筑节能的能耗指标和评价方法，更没有建立包括建筑概况、设备列表以及能源消耗等信息在内的公共建筑数据库，在对建筑节能问题的深入研究过程中，缺少有效的实测数据支持。

1.1.2   我国体育馆光环境的关键问题

作为城市重要标志的体育馆建筑的建设，由于投资巨大、资源消耗巨大、影响巨大，成为各级政府和广大人民群众关注的热点。随着一批优秀的体育馆建筑的诞生，忽视经济、实用、安全，片面追求"新、奇、特"造型的不良倾向也成为我们不可忽视的问题。许多体育馆建筑项目建成之日即成为亏损之时。在一次性的高额投资之后，往往还伴随着长期的高额运营维持费用。典型案例，如重做方案的奥运文化体育中心，该建筑不仅最终核定造价达 45 亿元人民币，远远超过预算，而且为追求"极具震撼性的视觉效果"，对周边区域造成了光、热和声污染，在抗震、防火和交通设计上也存在严重缺陷，经多次优化无法完满解决，有关部门被迫花钱买断原设计，彻底重做方案。因为造价高，要收回成本和维持运行，这些体育馆建筑在建成后的使用中往往需要高额票价的支撑，这些高额成本需由纳税人负担，但普通纳税人却难有机会享用这些代价高昂的设施。因此，如何以可持续发展的思想为基础，在有限的资源与经济条件下创造良好的体育馆比赛厅光环境是每一位建筑师义不容辞的责任和义务。

　　不断进步的照明技术和通风换气技术，使体育馆建筑摒弃了传统的采光口，越来越远离了人们所向往的自然气候，以高额成本的能量系统营造了一种与外界环境相对独立的体育馆比赛厅微气候。这种人造的微气候使体育馆内的使用者被迫远离自然，对自然环境的感知变得越来越弱化。将体育馆比赛厅内的光环境变为一种完全人工照明的人造环境，建筑师、业主和运营方都需要承担一定的责任，是他们阻断了比赛厅与室外自然环境的联系，加大了体育馆与天然光的接触距离。

　　进入 21 世纪以后，随着经济生活水平的提高和人们环保意识的提升，特别是2008 年北京奥运会申办成功以后，天然采光这种绿色环保、健康节能的照明方式越来越受到人们的重视。但是，在其发展进程中，仍然存在着一些突出问题，其中体育馆比赛厅天然采光问题便是十分尖锐的焦点所在。体育馆作为体育建筑的主要形式，因其自身体量巨大、屋盖覆盖面积大、屋盖结构复杂、平面布局形式受各体育项目场地的限制等特点，使得天然采光较之一般的建筑更困难，又由于建筑师在时间和精力上的限制，造成多数体育馆比赛厅内无天然采光或天然光照不足等现状，或由于采光方式选用不当，缺少对天然光的控光、滤光处理，产生严重的光幕现象、眩光现象和光照不均现象。如何提高体育馆比赛厅内部的视觉舒适性和热舒适性，已经成为体育馆建筑设计中的焦点问题。

　　此外，我国建筑师的知识结构也有很大的局限性。建筑师大多关心体育馆的技术参数和保险系数，片面地认为体育馆越先进越好，使用寿命越长越好，技术越保险越好，但经济观念淡薄，缺乏强烈的成本意识，往往要求材质高、精度高，不适当地加大比赛厅天然采光能力，造成材料消耗高、技术造价高，使体育馆比赛厅光环境存在不必要功能和过剩功能，势必增加成本，使功能与成本达不到合理的结合。体育馆的经济管理人员由于缺乏技术知识，对技术问题缺少发言权，因此使技术领域这个对提高经济效益最为关键的部位成为了最薄弱的环节。为了改变这种状况，不仅需要体育馆的领导者转变观念，更需要建筑师摒弃传统的设计思想，树立新的设计观念，运用创新性思维对体育馆比赛厅天然光环境设计的技术和经济问题进行系统考虑。

　　体育馆作为受人关注的大型公共建筑，不仅涉及工程技术问题，还涉及政治、经济、社会、哲学和意识形态等层面的问题。由于我国的城市建设和建筑发展有着自身的复杂性和特殊性，目前面临着人口众多，能源、土地资源和淡水资源短缺，环境恶化，城乡差距，区域差距等一系列棘手的问题。这些问题都与体育馆建筑发展息息相关，也为合理地解决体育馆建筑的投资与回报问题提出了挑战与机遇。

1.2 概念界定

1.2.1 体育馆

本书中使用的体育馆的概念是体育建筑的专业术语,按照2003年10月1日颁布的《体育建筑设计规范》(JGJ 31–2003)(以下简称《规范》)中对体育馆的定义,内容如下[5]:

　　2.0.5 体育馆(sport hall)

是指配备有专门设备而能够进行球类、室内田径、冰上运动、体操、武术、拳击、击剑、举重、摔跤、柔道等单项或多项室内竞技比赛和训练的体育建筑。

体育馆的等级和规模分级如表1–1、表1–2所示。

体育建筑分级[5]   表1–1

等级	主要使用要求
特级	举办亚运会、奥运会及世界级比赛主场
甲级	举办全国性和单项国际比赛
乙级	举办地区性和全国单项比赛
丙级	举办地方性、群众性运动会

体育馆规模分级[5]   表1–2

等级	观众席容量(座)	等级	观众席容量(座)
特大型	10000 以上	中型	3000–6000
大型	6000–10000	小型	3000 以下

根据《规范》中的定义,对本书中的研究对象——体育馆进行两点澄清,以避免概念混乱的局面。

(1)由于能够进行游泳、跳水、花样游泳、水球等室内水上竞技体育项目比赛和练习的游泳馆及其他一些单项专业性体育设施自身具有许多与《规范》中所定义的体育馆相一致的共性特点,本书将其一并纳入研究范围。

(2)广义上,本书所研究的体育馆是用于球类、室内田径、冰上运动、体操、武术、拳击、击剑、举重、摔跤、柔道、游泳、跳水、花样游泳、水球、自行车、花样滑冰、短道速滑、速滑、冰球和冰壶等单项或多项夏季和冬季室内竞技比赛,以及兼顾平时训练、健身、文艺、集会和展览等活动的场所。它包括了《规范》中的体育馆和游泳设施①的定义,

---

　　① 游泳设施(natatorial facilities)是指能够进行游泳、跳水、水球和花样游泳等室内外比赛和练习的建筑和设施,室外的称作游泳池(场),室内的称作游泳馆(房)。主要由比赛池和练习池、看台、辅助用房及设施组成。

通过人工措施控制来达到严格公平的竞赛原则和高标准的场地设施要求，并拥有相应的观众席和辅助设施用房，可以不受环境气候因素的影响，达到"全天候"的使用。

1.2.2　价值工程

价值工程的创始人麦尔斯（Miles）对其做了如下定义："价值工程是一个完整的系统，用来鉴别和处理在产品、工序或服务工作中那些不起作用却增加成本或工作量的因素。这个系统运用各种现有的技术、知识和技能，有效地鉴别对用户的需要和要求并无贡献的成本，来帮助改进产品、工序或服务。"曾任美国价值工程师协会副主席的马蒂（J.Marty）对价值工程的定义为："价值工程是有组织的努力，使产品、系统或服务工作达到合适的价值，以最低的费用提供必要的功能。"[6]

目前，价值工程（Value Engineering，简称 VE）与价值工程方法（Value Engineering Method，VEM）、价值分析（Value Analysis，VA）、价值管理（Value Management，VM）、最佳价值（Best Value，BV）等称谓没有严格的区分，可以相互替代。在实际应用中，主要取决于关注的侧重点、应用背景和习惯。其中，价值工程方法这个称谓最为常用，它泛指一切与提升价值有关的知识体系。它是指"系统地应用公认的技术，通过对功能进行鉴别和评价来提高一种产品或服务的价值，并且以最低的总费用来提供必要功能，以达到必需的性能"[7]。

由于我国是从日本引入这种理论的，所以也沿用日本学者和企业界惯用的"价值工程"这个称谓。1987 年，我国制定了关于价值工程的国家标准《价值工程的基本术语和一般工作程序》（GB 8223-87），对其做了如下定义："价值工程是通过各相关领域的协作，对所研究对象的功能（function）与费用（cost）进行系统分析，不断创新（innovation），旨在提高研究对象价值的思想方法和管理技术。"[6] 作为我国具有权威性的定义，它指出了价值工程的研究对象、目的、内容和手段等。

本书将研究对象定位为基于价值工程的体育馆天然光环境设计问题，在介绍基本理论时遵循这一理论的发展历程，在引用文献时则尊重文献原作者的提法，对于涉及国内的研究和应用文献时则沿用价值工程这一称谓。需要强调的是，应用于建筑领域时，最常使用的称谓是价值工程。

1.2.3　天然光环境

建筑环境工程学上认为建筑的光环境是建筑环境中的一个组成部分。对建筑物来说，光环境是由光照射于其内外空间所形成的环境[8]。建筑光环境对于建筑师来说应有其自身建筑学特征的意义，"建筑光环境"即充分运用采光、照明等光线手段而创造出的优良的建筑空间，尤其以室内光环境为其灵魂。

　　建筑光环境根据光源的种类不同，可分为天然光环境和人工光环境。其中，天然光环境作为空间构成要素，是营造室内气氛，创造意境的重要手段。天然光环境设计的核心是采光设施与采光材料的设计[9]。它不同于一般意义上的采光设计，是在建筑方案设计基础上进行的空间细节设计，不仅满足使用功能的需求，还要在生态节能、建筑美学、艺术氛围等方面完善天然采光技术。所谓体育馆天然光环境设计，就是依据体育馆比赛厅空间或比赛厅采光照明的技术要求，围绕其目的与用途，通过对天然光的控制进行适宜性调整。

1.3　相关研究探索

1.3.1　国外研究探索

　　19世纪以来，伴随着世界经济的高速发展出现了严重的环境污染和生态破坏，人类面临着生存环境危机，全球兴起了保护人类生存环境的绿色浪潮。人们在厌恶城市噪声、环境污染的同时，更趋向于走向大自然、融入自然，把学习、生活、工作、休闲等空间寄寓于自然之中。于是，以"回归自然"为主旨的建筑设计思想应时而生。多年来，在各国召开的照明会议上，建筑采光越来越受到建筑师的关注。为了有效地利用天然光，节能和改善室内光照环境，全世界的研究人员都在积极开展关于天然采光的研究，许多发达国家在利用天然光进行日光照明方面都具有先进技术。在欧美及日本等发达国家，已开发出一系列天然光照明系统，并在体育场馆等公共设施及工业与民用建筑中广泛应用，使人们拥有了更多的方法来利用天然光，实现了白天完全或部分利用天然光照明，从而大大节约了电能，提高了室内环境品质。目前，天然光照明系统的技术及产品正在快速发展中。随着新技术、新材料相继问世，出现了集光、热优良性能于一体的各种透光材料和自动控制天然光系统，以及能把天然光输送到无采光口的室内空间的光导管系统，并掌握了复杂的安装技术。"室内空间室外化"成为建筑设计的一个发展趋势，采光大厅、阳光中庭等室内休闲空间大量出现。

　　自1991年开始，国际照明委员会组织进行了全球范围的天然光资源的调查和观测（CIE的International Daylighting Measurement Program计划），随后出版了《建筑采光》（Daylighting in Architecture）、《天然光在建筑中的作用》（Daylighting Performance of Building）和《建筑物的天然光设计》（Daylighting Design of Building），为天空亮度分布模型的建立，建筑物的采光设计与计算提供依据。另外，国际照明委员会的天然采光技术委员会专门组织各国专家对近年取得的采光设计经验和科技成果进行了总结，编写了《国际采光指南》，为设计、科研、教学提供了设计依据和标准。国际体育联合会（GAISF）以及国际奥委会也对各类体育运动项目给出了较为详细的照明标准值。国际照明委员会（CIE）对体育设施的照明技术有严格的要求，到目前为止已有 8 个关于体育照明的技术文件，其中就有 CIE58 技术文件《体育馆照明》、CIE62 技术文件《游泳池照明》、CIE67 技术文件《关于体育照明装置的光度规定和照度测量指南》（CIENo67−1986）、CIE83 技术文件《运动场地彩电转播照明》和 2005 年新颁布的 CIE169 技术文件《体育赛事中用于彩电和摄影照明的实用设计准则》，是一份对需要满足彩色电视转播和摄影照明要求的体育设施设计与规划的使用指南与技术报告，并对具体体育运动项目给出了详细的照明要求。

可持续发展作为一种发展模式、发展道路或发展理论的名称逐步在世界范围内得到传播，"奥运会可持续发展思想"得到确立，从 1996 年的亚特兰大奥运会开始，就被历届奥运会作为申办的砝码和取得成功必不可少的要素。伴随着历届奥运会的举行，人们对可持续发展的解读与贯彻实施，对比赛厅天然光环境设计，都在不断地发展与完善。从体育建筑建设趋势上看，国外发达国家的体育馆在设计理念和科技成果的运用方面有许多值得我们学习和借鉴。在设计理念上，更加注重体育馆的综合利用，外表和内部装修朴实简单，但非常突出人性化设计。ETFE 膜材、棱镜类日光偏转系统、可开闭屋盖结构等高技术产品，为体育馆的天然采光设计提供了多种设计措施，有的场馆设置了太阳能等能源回收系统，以达到节约能源和保护环境的目的。

在欧美及日本等发达国家，在办公建筑、科研建筑等公共设施及工业与民用建筑中，广泛应用了各种先进的天然光照明系统。美国的 M·戴维·埃甘和维克多·欧尔焦伊所著的《建筑照明》（2006）中，通过图表，较为全面地论述了天然采光设计方法，使用计算机模拟和实体建模解决核心问题，使读者在如何增强空间质量和降低能耗等方面得到帮助与启发[10]。赫尔穆特·考斯特的《动态自然采光建筑原理与应用：基本原理·设计系统·项目案例》[11]（2007）介绍了太阳光线在建筑中应用技术的新发展，对动态日光建筑的光导向系统和新型光回复技术作了细致的理论剖析与实例说明。Gersil N·Kay 的《建筑光纤照明方法、设计与应用》[12]（2008）介绍了光纤照明的原理与最新发展趋势，在各类建筑中的应用途径以及与天然采光的技术结合方式。

日本是世界上开展将天然光用于室内照明研发活动最早和最为活跃的国家之一，在天然采光技术方面，已形成自己的体系，并具有较完善的成套技术，且在众多实际项目中推广应用。从 1984 年日本有了第一套太阳能采光系统以后，在技术上，从平面镜、曲面镜、棱镜式发展到棱镜式与光纤混合采光系统，在数量和地域上也在不断扩大。在著作方面，NIPPO 电机株式会社编著的《间接照明》[13]（2004）通过实验数据的测量，详细地论述了室内间接照明的做法，利用大量实例来剖析室内不同部位的处理手法。日本建筑学会编写的《光和色的环境设计》[14]（2006）既有对基本概念和理论的论述，又有对设计方法、标准规范及试验结果的介绍，通过大量的设计案例分析探讨了城市环境和建筑环境中光和色彩的正确设计程序。

1.3.2　国内研究探索

从20世纪90年代末期开始,我国体育建筑的建设得到了迅速发展。场馆数量的增多、环境质量的提高、设计思想和创作手法的更新,无疑都标志着中国体育建筑在当今已发展到了新的历史阶段。北京申办2008年奥运会取得成功,我国新建、改扩建大批体育设施,为运动员提供环境优美、设施先进的比赛、训练场馆。2002年北京市发展计划委员会和北京奥组委联合发布了《北京奥运行动规划》[15],该规划在绿色奥运、科技奥运和人文奥运的指导思想下,提出了场馆设计理念:满足比赛要求,实用而不奢华;广泛应用高科技,体现可持续发展;安全舒适并有利于赛后利用。在大跨度结构工程设计中实现"实用、安全、经济、美观"的设计概念,提倡"技术先进、经济合理、安全适用、确保质量"的结构设计原则。

相对于国外,我国的天然采光研究起步较晚,发展相对滞后。20世纪80年代初至90年代末,有关天然光环境的论著多以工业建筑、展览建筑为主。在理论深度上,大部分的论著以理论的采光计算为主,对"天然光与室内空间的关系"方面的研究比较缺乏,其中"体育馆比赛厅天然光环境"的研究更为稀缺。到了20世纪末,人们在追求实用空间的基础上,开始逐渐认识到空间的"光感受"和"光氛围",对于光环境的需求更加全面。同时,伴随着国际范围内自然资源的不断短缺、能源生产成本的不断提高、人类生活环境的不断恶化,各级政府部门越来越重视节约能源的研究。

随着国家标准的不断完善,2004年12月颁布执行的《建筑照明设计标准》[16](GB50034-2004)对无彩电转播的体育建筑照度标准值和有彩电转播的体育建筑照度标准值作出了规定。2007年11月颁布执行的《体育场馆照明设计及检测标准》[17](JGJ153-2007),较为详细地给出了各类体育运动项目的照明标准,并对照明检测给出了指导性的规定。

现阶段,经过二十多年的发展,国内对于光的研究更多地局限在建筑技术的角度,而对太阳能采光或照明技术虽然有所研究,但发展缓慢。以"绿色奥运"为契机,加速我国太阳能采光或照明的发展,受到了广大照明工作者的高度重视。目前,国内在建筑天然光环境理论领域的相关理论研究较多,研究角度和研究内容也呈现多样化,一些相关专业的学者对于天然采光的研究也已经取得了一定的成果,但仍处于理论探索阶段,谈及天然光在体育馆光环境设计中应用的文章和书籍较少。同时,受我国经济水平的制约,天然采光技术的应用与实践环节无法得到完整贯彻,实施后的反馈资料自然也无法取得。李炳华主编的《体育照明设计手册》[18](2009)作为一本体育照明设计的工具书,是在《现代体育场馆照明指南》[19](2004)的基础上,更加系统地介绍了体育照明的基础知识，归纳了国内外各类体育运动的照明标准，提供了照明计算与照明检测方法，对备受关注的照明节能问题给出了评价方法与评价措施，为体育馆天然光环境设计优化提供了详尽确凿的基础理论研究。杨光璿、罗茂義编著的《建筑采光和照明设计》[20]（1988）和王萧主编的《建筑装饰光环境工程》[21]（2006）介绍了光的基本知识，利用不同时期的实例论述天然采光设计的对策与计算方法。中国绿色照明促进项目办公室组织编写的《高效照明系统设计指南》[22]（2004）探索高效节能的照明系统，总结了天然采光的实施方法、与人工照明的结合等问题，着重阐述了体育场馆照明的理念和方法。田鲁主编的《光环境设计》[9]（2006）在此基础上提出了光环境质量评价标准和绿色照明在中国的应用。

相对于整体性的体育建筑理论研究，关于体育馆比赛厅天然光环境设计的研究仍显不足。与体育建筑的外环境、功能创作实践和赛后利用等方面的研究相比，体育馆比赛厅光环境设计还需要大量的创新性研究和实践探索以及与价值挂钩的系统理论架构。哈尔滨建筑工程学院李玲玲的硕士学位论文《体育建筑自然采光问题研究》[23]（1988）第一次将天然采光问题的研究引入到体育建筑设计中，为本书的研究奠定了基石。

近年来，国内在体育建筑领域关于比赛厅光环境优化的研究逐渐增多，并已经取得了一定的研究成果。其中包括：天津大学李东哲的硕士学位论文《厦门体育馆天然光环境设计研究》[24]（2003），针对体育馆天然采光的难点问题，通过天然采光模型试验，将棱镜折光板技术确定为厦门体育馆天然光环境设计方案。本书作者刘滢的硕士学位论文《游泳馆比赛厅天然光环境设计研究》[25]（2005），在对游泳馆比赛厅天然采光发展现状分析和实地调研的基础上，针对游泳馆比赛厅天然采光存在的问题，探讨了实现天然光环境的设计对策和实现优化设计的途径，从而营造出绿色的游泳馆比赛厅天然光环境。华中科技大学杨锦的硕士学位论文《大空间体育馆建筑节能及其性能模拟分析研究》[26]（2004），对体育建筑的天然采光等方面进行了理论分析和计算机性能模拟研究，探讨了建筑节能设计的依据、节能方法和技术指标，合理变化建筑的各种要素，通过定性与定量相结合的研究方法求得最优方案。同济大学乐音的博士学位论文《当代体育建筑生态化整体设计研究》[27]（2005）论证了体育建筑向生态化设计发展的合理性和整体设计理念的必要性，通过纵向分析体育建筑与生态思想的关联性，有针对性地对体育建筑提出相适宜的生态化设计对策和评价机制。清华大学叶菁的硕士论文《高校体育馆功能运营节能的使用后评价——以北京四座场馆为例》[28]（2006），从建筑节能的角度，通过对体育馆的使用后评价，探讨满足体育馆功能需求的适宜技术手段。

此外，我国还颁布了《绿色建筑评价标准》（GB/T 50378-2006）[29]和《公共建筑节能设计标准》（GB 50189-2005）[30]等关于建筑"四节"①标准规范。江亿主编的《公

---

① 建筑"四节"是指节能、节地、节水、节材。

共建筑节能》[3]（2007）在对我国公共建筑节能研究分析的基础上，通过大量的现场实测数据和能耗调查结果，提出了适合我国公共建筑的节能解决途径、评价公共建筑节能效果的能耗指标与设计方案的节能评估方法。栾景阳编著的《建筑节能》[31]（2006）和丛德惠主编的《建筑节能设计禁忌手册》[32]（2010）介绍了建筑节能的基础知识、技术措施与材料，建筑节能的规划与设计，着重对绿色照明工程节能设计中的禁忌问题加以分析。为体育馆天然光环境设计中的节能问题提供了有效的制度保证和解决问题的具体措施。

综上所述，目前在体育馆建筑设计领域，关于天然光环境方面的研究主要有以下三方面的特征：

（1）我国建筑界对体育馆天然光环境的关注较多，但研究尚处于较为分散的技术优化阶段，未形成完整的理论框架与优化设计策略。

（2）对于体育馆天然光环境的专门论著较少，已完成的学位论文主要侧重于通过实际案例的研究与相关技术优化，进行天然采光设计的分析和归纳。

（3）对体育馆天然光环境实际运营中的具体问题关注较少，设计与需求相脱节，对其技术经济学领域的认知仍处于初步探讨研究阶段。

1.4 引入价值与天然光的目的和意义

1.4.1 目的

作为备受瞩目的大型公共建筑，体育馆的设计、施工和运营等都要保证一定的经济健康，而经济健康的获得与其对可获取资源的有效利用有着密不可分的联系。地球上对资源与能源的透支索取和大多数资源与能源的不可再生性，决定了我们对它们不再拥有无限的选择性。天然采光是一种无污染、无能耗的照明方式，其能源作为世界上最普通的天然能源，在地球的大部分区域都可以获得。它具有取之不尽，照射时间长，亮度高而均匀，既安全清洁又有良好的显色性等特点。人们在自然光下，不仅感到舒适和有益于身心健康，而且天然光比人工光具有更好的视觉功效。在能源危机的今天，体育馆比赛厅光环境设计中若能充分合理地利用天然光，将节约大量运行费用，这也是提高平时使用率的有利途径。

随着社会主义市场经济的发展，人们逐渐认识到建筑业的经济效益直接影响着整个国民经济。现阶段建筑业普遍存在工期长，消耗高，浪费大，技术进步缓慢等问题。面对竞争激烈的市场，面对可用资源的有限性，要求我们建筑师更新观念，只有不断提高自身素质，向社会提供"物美价廉、适销对路"的建筑产品，才能在竞争中立于不败之地。传统的设计思想对体育馆比赛厅光环境不从技术和经济的最佳结合上进行综合分析，而是片面地追求体育馆比赛厅光环境的性能和寿命，忽视产品的经济性。长期以来，我国体育馆的技术与经济、功能与成本、场馆运营与使用者需求脱节的现象十分严重，很少进行认真的技术经济分析，导致技术经济指标严重落后。搞技术的人不懂经济，搞经济的人不懂技术，二者不能很好结合。特别是建筑师多注重于技术的先进性、适用性、安全性，但对经济效益的关注仍显不足，对体育馆的技术经济分析就更显欠缺了。

价值工程方法可以帮助建筑师在体育馆天然光环境设计中发现"25% ~ 75% 或更多的不必要成本"，而不降低客户①的价值[33]。其目的是以对象的最低全寿命周期成本可靠地实现使用者所需功能，以获取最佳的综合效益。体育馆比赛厅光环境价值的提高表明技术与经济、功能与成本、运营方与使用者的统一，使社会资源得到合理、有效的利用，这是体育馆使用者的要求、运营方生存和发展的要求、社会发展的要求。在项目建成后，不管该项目的运营效益如何，进行任何设计变更所带来的成本和时间代价都是非常巨大的。因此，在体育馆天然光环境的设计阶段开展价值工程活动是十分必要的。

本书针对上述问题，结合天然光环境设计的新趋势，对于矛盾比较突出、对人们实际生活影响比较重大的体育馆比赛厅天然光环境优化设计进行系统的研究，本着"以人为主"的宗旨，力争找到一条适合我国国情的、行之有效的解决方法，建立基于价值工程理论的体育馆比赛厅天然光环境优化设计观念和理论框架，探索相应的设计对策，为刚刚兴起的体育馆比赛厅天然光环境设计优化研究提供新方法，为我国体育馆建筑的可持续发展尽一份绵薄之力，同时对今后大型公共建筑天然光环境的设计实践提供理论指导和方法支持。

1.4.2 意义

据研究，应用天然光照明这种建筑节能技术的节能潜力可以达到 50%，为了给能源本就缺乏的我国减轻负担，以可持续发展为基础，探寻适合我国国情、具有良好的可行性和可操作性的体育馆天然采光技术和方法，将生态节能作为今后体育馆比赛厅天然光环境设计发展的主要方向之一，具有重要的现实意义。体育馆作为一种典型的体育建筑形式，是重大体育竞赛的重要硬件设施，关乎体育运动事业的发展和进步；在设计时节省资源、促进资源的高效和循环利用，具有重要的经济意义和社会意义。因此，设计体育馆建筑必须提高材料的利用效率，发展节约型结构形式，重视"实用、安全、经济、美观"的建筑设计原则和"技术先进、经济合理、安全适用、确保质量"的结构设计原则。

2010 年，国家规定的法定假日已经增加到 29 天，加上每周两天的休息日，公众的休闲时间不断增多。由于人民生活水平不断提高，休闲方式也发生了改变，人们更加重

---

① 客户是体育馆天然光环境设计价值工程研究的重要因素，包括体育馆的业主（或是上级主管领导等决策者）、使用者、运营方等各方利益相关者，他们是获得天然光环境功能的人。

视身心健康，健身娱乐运动成为休闲活动的新宠。可以开展多种体育运动项目的综合性体育馆，变得越发地供不应求。有的场馆常年从上午8点钟开馆到晚上10点钟闭馆，各个时段运动场地的闲置率几乎为零。体育馆用于比赛用途所占时间比例并不大，出于多功能使用的目的，需要用于平时训练或向社会开放，群众健身锻炼消费成为场馆运营的主要收益来源。此外，由于生物周期的影响，人们总是习惯于在白天的时候进行体育锻炼。体育馆之于健身群众在白天的利用效率要远远高于夜间，运动员进行训练的大量时间也是在白天，往往只有在正式比赛时，考虑满足多数观众观看的需要，才选择在夜间进行。因此，如果体育馆在白天采用天然光照明代替人工照明，势必会使得体育馆的运行成本有所下降，具有很现实的节能和降低成本的意义。

体育馆对比赛厅的光环境有比较高的要求，设计应力图获得良好的照明效果，营造舒适、高效的光环境。体育馆比赛厅采光照明设计是一项功能性很强的设计，照明质量的优劣是评价体育设施的主要标志之一。良好的天然光照明不但可以调节比赛厅内部的微气候，有益使用者的身心健康，还有利于体育运动水平的提高。体育馆比赛厅光环境质量直接关系到运动员水平的发挥、裁判视觉判断的准确性以及电视转播的质量。比赛厅内的照明质量不足时，会降低运动员的运动兴奋度、动作的准确性，容易发生视觉和精神疲劳，增加运动伤害的发生率，它所要求的照度①也更加严格、细致。如果完全使用人工照明满足这些要求，其耗电量是相当可观的，会大幅增加体育馆的运营成本。体育馆正在走向大众化、社会化，全面降低运行成本将取得巨大的社会效益和经济效益。

体育馆多为一次性建筑产品，工期长、浪费大、建设造价高，而它的使用寿命周期长，一般设计使用寿命都在50年以上。作为一种社会现象，现在越来越多的体育馆因为盲目追求所谓的"艺术性"，从运行之日起就在经年累月地浪费资源。在一次性的高额投资之后，随着体育馆各项设施的老化，其使用、管理、维护和保养所需成本将越来越大，最终会大大超过体育馆本身的建筑造价。据2004年统计，我国大型公共建筑的电耗为500亿kWh，约占大型公共建筑总能耗的28.4%[34]。体育场馆的日常运营成本，由人力、水电和维护等各种成本支出组成，其中照明耗电费用占运营耗电费用的比例是最高的，而在不同的地区、不同的地点、不同的资源下都会有不同的变化，如果对众多变化因素处理不当，就会产生"过剩"成本，最终将影响功能的实现。

价值工程正是从体育馆比赛厅的功能分析入手来研究体育馆比赛厅天然光环境功能和成本的合理匹配，强调功能提高与成本降低的有机结合，通过适应变化与方案创造，以最低的成本来实现必要的功能。价值工程研究的功能是使用者要求的功能，研究的成

---

① （光）照度（illuminance），表面上一点的照度是入射在包含该点面元上的光通量 dF 除以该面元面积 dA 之商，单位为 lx（勒克斯）。

本是使用者认可的成本，时时处处考虑如何满足使用者的要求。基于创新来改善功能—成本联系，创造价值，正是价值工程最本质的思想[35]。价值工程所追求的目标恰恰是以最低的全寿命周期成本（建筑成本和使用成本）可靠地实现使用者所要求的功能。因此，在体育馆比赛厅天然光环境设计中利用价值工程理论是非常必要的，它能够赢得使用者的拥护，从而赢得市场，将为整个社会带来更大的经济效益。

　　建筑师必须认识到，提高体育馆天然光环境价值需要经过变革与创新，而每一次的价值工程理论应用对于体育馆天然光环境设计都是一次创新的过程。更为重要的是，价值工程的价值观和创新观影响了体育馆天然光环境的设计理念和创新意识。在新的经济时代背景下和新的经济环境中，价值工程的持续应用，为体育馆天然光环境设计提供了创新的动力和方法，改进了原有的设计观点和技术应用平台，提升了比赛厅光环境设计的创新能力，从而维持了体育馆天然光环境设计的竞争优势。创新是价值工程理论的灵魂，不创新就失去了价值工程的真正意义。抓住价值工程理论发展的创新性，同时也就抓住了体育馆比赛厅天然光环境价值研究的创新点，这将为本书的创新性研究提供坚实的理论基石与实践动力。

第2章 体育馆天然光环境设计的价值建构

价值工程既是一种思想方法，又是一种优化技术。它以新的价值观及其独特的分析问题和解决问题的思想和方法，通过较低的资源消耗来提供优质产品和劳务。这种方法更加系统化，可操作性强，因而在实践中获得了巨大成功。本章将在理论上对体育馆天然光环境进行价值工程建构。

2.1 什么是价值工程

价值工程作为一种现代管理方法，问世于20世纪50年代，1947年在美国通用电气公司（GE）首次得到应用，通过一场"石棉板事件"，由任职于采购部的电子工程师劳伦斯·戴罗斯·麦尔斯（Lawrenoe D.Miles，1904-1985）提出运用价值分析（value analysis，简称VA）的方法，在不损失原有产品的可靠度的原则下，获得必要的功能所需成本，以达到降低产品成本的目的[6]。美国军工部门后将其命名为价值工程。

"价值工程是现代管理科学中的一门重要分支科学；是技术和经济相结合的边缘科学；是科学管理理论与实践有机结合的管理方法；是企业改进和提高产品的功能和质量、降低成本、提高经济效益和开拓市场的最佳途径；也是企事业单位和行政部门改进组织领导、提高管理水平和人员素质的有效方法。"[36]价值工程的概念（VE conpept）是指这一理论和方法所涉及的一些术语的表述，通过它们以及它们之间的联系，可以建立价值工程理论的框架内容，并指导实践活动[35]。为了更好地理解价值工程概念，在体育馆天然光环境设计中应用价值工程方法，首先要对以下几个价值工程方法的关键术语进行解读。

2.1.1 价值工程的基本概念

2.1.1.1 功能（function）

1961年，麦尔斯在其所著的《价值分析和价值工程技术》中将功能作为价值的组成部分。功能概念是价值工程的分析核心，它是一种产品或服务的天然的、特有的属性。所谓功能，是指载体所具有的，通过用户的使用（perform）、欣赏（appreciate）而给用户带来满足和愉悦的那种性能[35]。我国国家标准《价值工程的基本术语和一般工作程序》（GB 8223-87）对功能的定义是"对象能够满足某种需求的一种属性"[6]。

对于体育馆天然光环境而言,使用者来到体育馆比赛厅进行活动,实际上就是对功能的渴望和需求,而它的功能就是指它的用途,是按照建筑师设计的方式所起到的作用,是体育馆天然光环境满足使用者对比赛厅光环境的特定需要。体育馆天然光环境作为一种产品,它的功能附属于它,但是又不等同于它。使用者在使用体育馆天然光环境时,实际上是使用它的功能,所以说体育馆天然光环境是作为其功能的载体而存在的。建筑师设计体育馆天然光环境实际上是为了设计它的功能,使用者使用体育馆天然光环境实际上也是使用它的功能。

在进行体育馆天然光环境设计时,经常会遇到选用不同的设计方案,都可以满足相同的功能的情况。那么,我们在对设计方案进行比选时,针对这种在功能方面可以相互替代的设计方案,需要借助价值工程方法加入更多的评定要素,选用全寿命周期成本最低的设计方案,实现体育馆天然光环境使用者所要求的必要功能。

说到功能,就不得不提到性能的概念。性能是描述一种产品实现它预期功能的能力[7]。在理想的情况下,体育馆天然光环境的性能应该由业主或者使用者来确定,性能的水平要时刻与他们的要求相匹配,只有在可操作性、安全性、可靠性、可维修性和多功能性等方面满足设计的预期水平,才算是较适合的性能。

2.1.1.2　成本(cost)

成本作为商品经济的价值范畴,随着商品经济的不断发展,它的内涵与外延也在不断地发展变化。麦尔斯说:"一切成本是为了功能(All cost is for function)。"[33] 所谓成本,是指为获取载体所具有的功能而必须付出的费用[35]。在经济学的范畴中,任何一项功能的获取都伴随着一定成本的付出。作为大自然所赐予的天然光源,我们同样需要付出相应的成本才可以获取。体育馆天然光环境的成本信息包括初始成本和全寿命周期成本两大类。初始成本是指体育馆天然光环境的建成成本,它包括前期策划成本、招标成本、设计成本、建设成本、施工成本等。在本书中,主要对设计成本、功能成本(详见 4.3)和全寿命周期成本(详见 2.1.1.4)三种类型成本进行研究。

其中,设计成本(designed cost)是指在一定的技术经济条件下,为达到特定的功能水平和开展载体设计而预先计算出的成本[35]。它包括对设计方案进行变更的成本。在体育馆天然光环境的设计中,为了通过天然光的利用使客户获得所需的功能,在设计阶段必须对该功能的具体参数进行量化,例如需要确定天然光入射量、入射角度、入射位置等设计参数。依据这些数据,在满足国家相关标准、规范与规定的基础上进行设计,而设计中所涉及的材料、设备、技术都可根据所处的技术经济条件来获取它们的价格信息,由此进行建筑预算,就可以得出体育馆天然光环境设计所需的费用。打破传统设计模式,在注重技术参数的基础上,使成本与之协调,就可在设计阶段更好地控制建筑成本的支出,使体育馆天然光环境设计更加优化。

2.1.1.3　价值（value）

价值学对"价值"范畴作了一个基本的界定：价值与事实不同，它是客观事物相对于主体"需求—偏好"结构所呈现的一种属性，是客观事物之总体属性的一个方面，也可以视为是一种人类性的事实。价值是建立在事物本体之上的功能（function）和效用（utility，又译为"功利"）的统一体，价值不是抽象的，它可以根据人的"需求—偏好"结构区分为物质功利价值和心理精神价值等多个方面[37]。价值问题可用主体与客体的实践关系来表达。生态经济学将"价值"定义为："在社会实践中，客体的存在、属性及其发展变化对主体的物质生活和精神生活及其发展所具有的意义。"[38]

1947年，拉里·麦尔斯（L.D.Miles）把价值作为一个单独的研究领域，建立起价值的概念。他指出："一个自由企业在全面竞争中的长期成功取决于它不断向顾客出售最佳价值，以唤起预期的价格，换言之，'竞争'决定了一个企业必须采取'价值令人满意的'方针，以达到产品或服务富有竞争能力的结果，这种最佳价值取决于两个方面：功能和成本。"[33]他强调要根据客户或者用户的需求来建立价值，并用功能和成本之间的关系来定义价值。

《价值工程的基本术语和一般工作程序》（GB 8223-87）对价值作了如下定义："价值是对象所具有的功能与获得该功能的全部费用之比。"可将其作为衡量一个对象经济效益高低的尺度，用概念性公式表示为[6]：

$$V=F/C \qquad\qquad (2-1)$$

式中：V——价值；

　　　F——功能（指功能强度）；

　　　C——全寿命周期费用。

由公式（2-1）可知，价值工程中的价值与政治经济学中的价值有着很大的差别性，它可以不受特定的历史范畴限定，不是商品，不经过劳动交换。它存在于一切社会经济形态中的所有发生功能与费用的场所，可视为评价对象经济效益高低的标准和尺度。它的量值大小取决于功能实现程度的高低和全寿命周期费用的多少，为评价对象的功能与全寿命周期费用提供了科学的标准。麦尔斯提出价值工程的伊始，就是在实现用户功能的条件下，采用廉价的代用品，而达到其功能与费用的比值，即价值最适，从而创造了$V = F/C$公式。它反映了世间一切事物运动发展的基本规律。这种功能、费用、价值三元系统观念，就是价值工程的根[39]。

体育馆天然光环境的价值大小，是根据建筑师对各方案设计的相关技术要素进行识别、研究、应用和解决技术难题的效果来确定的。通过价值工程的努力，我们可以获得良好的价值，却永远也不可能达到最大的价值（maximum value）。只有以更低的成本满足客户需求，才可得出解决天然光环境问题的更佳方案。体育馆天然光环境的最佳价值是指用最低成本效益的方法来实现满足使用者的性能要求的功能。

2.1.1.4　全寿命周期

（1）全寿命周期（total life cycle）

事物从产生开始甚至包括它的孕育阶段，到它结束为止这段时间即为该事物的全寿命周期[6]。体育馆天然光环境作为体育馆这一产品的组成部分，具有其产生和发展的过程。体育馆天然光环境的自然寿命周期（product life-cycle，PLC）是指体育馆天然光环境从设计、施工、使用、维修直到最后不能再维修使用最终报废为止的整个时期。但是，随着我国资源节约型、环境友好型社会的建立，现有体育馆天然光环境的技术性能将不能满足社会发展的需要。从经济学角度，它所产生的经济效益逐渐降低，使用成本急剧攀升，已经丧失了继续运行的能力与必要。我们将这种没有完成体育馆天然光环境的自然寿命周期期限，只从体育馆天然光环境设计开始到使用者停止使用为止的整个周期叫做体育馆天然光环境的经济寿命周期。价值工程理论中所谓的全寿命周期，就是指体育馆天然光环境的经济寿命周期。

（2）全寿命周期成本（total life cycle cost）

所谓体育馆天然光环境的全寿命周期成本是指使用者为了满足对体育馆天然光环境的需要，从设计、建成、运营到退出使用，在体育馆天然光环境的全寿命周期（经济寿命周期）内所花费的全部费用。在体育馆的有效建筑使用寿命周期内，它包括现在和未来为天然光环境支出的全部成本（设计成本、建设成本、施工成本等初始成本，和运营成本、维护成本等在运营中产生的成本），是业主和运营方最为关注的焦点问题，是评价给定设计方案和进行可替代方案比较的最重要经济指标。

全寿命周期成本不是预算成本而是资金的时间成本，是把在建筑寿命周期内所有时间点上发生的成本，按统一的标准折算为同一时间点上的货币形式来进行计算。全寿命周期成本是对设计方案进行优选的一个重要的评价工具，同时增加了对运营、维护成本的关注度。评价的有效性有赖于分析中所有成本参数及其估算数据的准确性、精确性。

（3）功能与全寿命周期成本的关系

体育馆天然光环境实现其功能的能力或程度，被称为功能强度或性能。在一定的设计条件下，随着体育馆天然光环境的功能程度的提高，它的全寿命周期成本（C）的变化如图2-1所示。

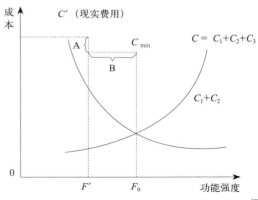

图 2-1　产品全寿命周期成本与产品功能强度的关系[6]

在图中，成本（C_1）和分摊利润、税金（C_2）之和与功能强度之间呈正相关的关系，使用费用（C_3）与功能强度呈反比，而全寿命周期费用（C）呈马鞍形曲线变化。它说明只有在功能强度适当的情况下，全寿命周期费用达到最低。但是，这种功能强度恰好为F_0，全寿命周期费用为C_{min}的理想状态是很难达到的。

如图 2-1 所示的体育馆天然光环境全寿命周期费用与功能强度关系过于理想化，在实际设计项目中，功能强度需要进行分类细化，不同的功能强度与全寿命周期费用之间也会出现成反比，或正比的关系，这需要根据具体设计项目进行具体分析，选择适用的技术手段并作出判断。在体育馆天然光环境中应用价值工程理论，就是为了使现实全寿命周期费用（C'）不断降低直至接近最低点（C_{min}），使功能强度不断接近最适宜的水平（F_0）。

在全寿命周期中，体育馆的一切费用支出都是为了获得或实现它所承载的功能。只有功能和成本的比值达到价值的最佳状态，才会实现成本的最小值，而这个成本的最小值会由于技术进步、客户价值观的变化等因素呈自然下降趋势。需要指出的是，由于不同建筑师对客户需求的理解程度不同，对获取相同功能所采取的设计手段不同，施工单位对技术设备和建筑材料的选用不同，施工人员对建造技术、工艺的掌握程度不同等，都会使获取特定功能所付出的成本存在差异性。

2.1.2 价值工程的研究概况

2.1.2.1 世界主要工业国家价值工程研究概况

20 世纪 70 年代以来，价值工程的理念、理论和方法技术已在世界各国尤其在各工业发达国家得到了迅速和普遍的应用，成为了引人注目的一种提高经济效益的新学科，创造了很高的经济效益和社会效益。价值工程的理论、方法与技术已在世界范围内获得了广泛的认同，并受到许多国家的高度重视。美国、日本、前苏联、德国、法国、奥地利、罗马尼亚等国都制定了价值工程国家标准或条例。在英国、法国、意大利、波兰、澳大利亚、加拿大、南非、印度及许多欧盟国家，价值工程的作用也得到了很好的体现，可以使产品的成本或建设项目的投资费用降低 10% ～ 30%[6]。据统计，全球最大五百家公司（世界 500 强）中，有超过 2/3 的企业采用过 VA/VE/VM/BV。总之，价值工程的应用已经在世界范围的探索与实践中，创造了影响深远的经济效益和社会效益。

在美国，价值工程成为第二次世界大战后新兴的六大管理技术之一。政府部门制定了 A-131 价值工程条款，使之以立法的形式全面应用于工程管理。1996 年 2 月 10 日，克林顿总统签署了美国国会通过的"104 ～ 106 号公共法令"。其中，要求各管理部门确定并实施价值工程的方法和步骤，加强成本控制。这表明美国以法律形式确立了价值工程在经济发展中的作用和地位。1993 年 5 月 21 日，美国白宫预算与管理部颁发了"131 法规规定"，凡是超过 100 万美元的政府投资项目都必须应用价值工程方法[7]。至今，美国所有的联邦政府机构，只要有大型的建设或者采购计划，就一定会采用价值工程方法。

在日本，价值工程已成为许多企业各级主管和工程人员的必备知识和技能。日本在 VE 基础上，发展创立了价值革新。价值革新以创造性为动力，努力探求顾客的显在与潜在的功能要求，排除商品不必要的和过剩的功能，以低廉的价格，在短时间内提供信赖度高的商品，以满足顾客要求，从而获得更大的利润。1965 年，日本价值工程学会（SJVE）成立至今，出版了《日本 VE 协会杂志》和《价值工程》等几种刊物，随时报道工作情况。

在以创新为核心的知识经济时代，价值工程的理论和技术也在不断发展。价值工程在全球建筑业中的应用处于良好的发展态势，大量的建筑专业人员在实践领域运用价值工程理论，许多科研机构和高等院校也在陆续开展这方面的理论研究和推广应用，大量的关于价值工程在建筑业中应用的文章、专著被发表和出版。

2.1.2.2　我国价值工程研究概况

1978 年，中国第一次从日本引进价值工程。虽然我国在价值工程应用上晚于其他国家，但经过多年的努力推广和应用，发展也很迅速。

目前，我国的价值工程应用越来越受到各级领导的重视，价值工程的组织机构愈加完善。20 世纪 80 年代后期到 90 年代初期，是价值工程在中国发展最为迅猛的时期。各地区的价值工程组织相继成立，多种价值工程学术活动也频繁地开展起来。除在机械、纺织、化工等行业取得明显效益外，在建筑、交通、农业等行业的应用也越来越广。在应用范围上，从原来的材料替代发展到产品和工程设计，不仅应用于工程的"硬件系统"，而且开始探讨应用于管理、销售、行政等软件系统。1986 年，孙启霞以"动态不对称法的原理及其应用"为题在美国价值工程师协会国际学术会议上发表了论文，提出了价值工程的"动态不对称法"，更加合理、有效、简洁地选取价值分析的改进对象，准确地抓住了改进产品的功能和降低成本的关键。1987 年，国家标准局发布了我国第一个价值工程国家标准——《关于价值工程基本术语和一般工作程序》[40]，使我国价值工程的研究和实践得到了规范化的发展。

目前，我国的价值工程研究相对成熟，但与美国、日本等发达国家相比，相关出版物的数量仍然有限，应用基础仍然比较薄弱。无论是在价值工程理念、理论的研究上，还是在应用对象、应用环节、应用领域、应用模式和应用产生的效果上，我国与国外都存在着巨大的差距。我国在建筑业中的应用更加有限，仍处于起步阶段，发展尚不完善。深入到建筑设计中的价值工程理论研究，就显得更加稀缺。本书将其引入到体育馆比赛厅天然光环境设计中，根据笔者的深入研究和资料收集，在我国理论研究与应用实践中未见涉及。

2.1.3　价值工程的主要特点

价值工程（VE）作为一种系统化的管理技术和一种在世界各国被证明卓有成效的工程管理方法，它具有其自身独到的特点，具体表现为以下几个方面[6]：

（1）以使用者的功能需求为出发点

作为功能的服务对象，体育馆使用者的实际需求是体育馆天然光环境功能的最终发展目标，盲目地追求多功能、高科技并不能得到使用者的青睐，反而使设计项目的成本增加与价值降低。

（2）对所研究的对象进行功能分析

通过功能分析，设计者可以掌握体育馆使用者所需的功能，将此作为体育馆天然光环境设计的依据，分析其设计方案是否存在不必要成本和过剩成本，采取适当的设计方案避免产生不必要的成本，以此来满足体育馆使用者的实际功能需求。

（3）系统研究功能与成本之间的关系

首先，必须做到可靠地实现使用者所需的实际功能，价值工程理论将此作为提高价值的前提与基础。在体育馆天然光环境设计中，可靠、全面而又可持续（发展）地满足这种功能看似简单，但它不是在获得体育馆天然光环境的具体技术上提高设计的价值，而是要以"最低的全寿命周期成本"（life cycle cost，简称 LCC）来实现所需功能。

（4）致力于提高价值的创造性活动

要想提高体育馆天然光环境的价值，就要全面而有效地利用社会资源，以最小的消耗来取得最大的综合效益，这不仅是在体育馆天然光环境设计中引入价值工程理论的目的，也是价值工程赖以生存的原动力。创新是价值工程的灵魂。用户所需求的不是现状实体物，而是物种本质的功能。创造性活动正是对使用者所需的功能进行收集、分析和整合，不断提高用户的满足度，突破传统设计方法的束缚，"打破框框、创造、提高"[42]，实现价值工程三部曲，提出多种改进方案，并从中选出价值最高的优化方案。

（5）应有组织、有计划地按一定工作程序进行

基于价值工程的体育馆天然光环境设计，为了获取最低的全寿命周期成本、可靠地实现使用者所需的实际功能、达到提高体育馆天然光环境价值的目的，需要对其进行整合优化，这就需要建筑师与使用者、运营方等各方面人员积极协作、密切配合，充分利用多方资源，发挥集体智慧和创造力，切实有效地、最大限度地提高体育馆天然光环境价值。

2.2　价值与体育馆天然光环境设计的可行性分析

2.2.1　价值工程与体育馆天然光环境设计目标

　　价值工程的目标是以研究对象的最低全寿命周期成本，可靠地实现使用者所需功能，获取最佳的综合效益，也就是最大限度地提高价值，在保证满足用户功能要求的前提下，尽可能减少资源消耗，使全寿命周期成本最低[6]。简单地说，价值工程这种科学方法的成功源于其有能力识别出改进的机会。我国的市场经济作为一种节约型经济，需要通过价值工程理论来推动国民经济和社会发展，实现资源节约型和环境友好型社会。将价值工程方法应用到体育馆天然光环境设计中，可以提高设计质量和全寿命周期成本效益。以全寿命周期成本为依据，通过先进设计方法与技术的利用，在一定程度上抵消设计成本的不断增加，以此确立实际的功能目标。在有限的建设资金范围内，用尽一切可能的方法以最低的全寿命周期成本取得必要功能来完成体育馆的建造，这正是利用价值工程方法提高体育馆天然光环境价值的目标。

　　基于价值工程的体育馆天然光环境设计目标，可归纳为以下几个方面：

　　（1）解决天然采光设计的技术问题

　　价值工程应用的生命力源于价值工程的观念。在体育馆天然光环境设计中，掌握了这种观念，就可以灵活地应用各种先进的技术方法，甚至可以创造方法改进传统的设计理念。建筑师可借助这种机会，突破传统的设计观念，开辟出新的设计思路，在充分可靠地满足使用者需求的前提下，将天然光引入体育馆，来满足比赛厅光环境的需要。不同的使用功能对于比赛厅光环境的技术要求各不相同，只有部分功能类型对人工照明依赖较高。从图 2-2 中可以看出，大部分的功能需求，可以采用天然光照明或是天然采光辅助人工照明来满足运动照明需要。要想提高光环境的质量，解决与天然采光设计相关的技

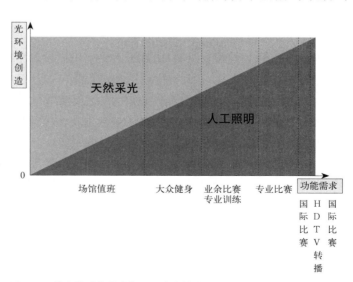

图 2-2　体育馆功能需求与照明方式的关系

术问题，选择合理的结构形式和采光方式，强调建筑结构、空间、材料和光环境的和谐共生是提高体育馆天然光环境价值的首要任务。

（2）满足体育馆天然光环境的功能需求

在体育馆中进行视觉活动的人员有四类：运动员、观众、场地技术人员（裁判、边线员、领队）、记者（电视、电影摄制组和图片社、体育杂志等）。四类人员在场地中进行活动对照明有不同的要求。同时，由于场地是多功能的，可能是训练、小型比赛，也可能是重大的国际比赛。当比赛项目不同、运动速度不同时，照度标准相应地也不同。随着运动员技术动作难度的不断增加、体育运动速度的不断加快，一些体育运动项目的对抗性更加激烈。一方面，要保证裁判员的准确判断；另一方面，还要保证观众有一个舒适的视觉效果。这样，运动照明的要求也会不断提高，人工照明消耗的电能也将成倍地增长。同时，要获得优质的体育馆天然光环境，不仅仅要满足使用者可以看清楚比赛厅内的体育运动轨迹，还要满足使用者的视觉舒适度和热舒适度，从而获得更多的运动愉悦感。

（3）寻求最佳的功能与成本组合

从体育馆比赛厅的功能分析入手来研究体育馆天然光环境功能和成本的合理匹配，强调功能提高与成本降低的有机结合，通过适应变化与方案创造，以最低的成本来实现必要的功能，最终实现其价值的体现。在对体育馆天然光环境的功能和成本进行系统的综合分析时，要除去不必要的全寿命周期成本，从功能出发提高体育馆光环境、设计流程、使用者使用和场馆运营等方面的价值，努力寻求成本低的功能实现手段替代原有的功能实现手段，达到改善和提高体育馆光环境价值的目的。

（4）获得体育馆天然光环境设计的最优方案

能够满足正式比赛要求的体育馆天然光环境要想在赛时和赛后利用中都能达到各方利益相关者的需求目标，就必须使优选出的设计方案具有市场竞争力，使它的功能组成更加合理化与适宜化。创造力是体育馆天然光环境设计得以实现的基础要素，它的发挥程度决定了设计方案科学性与价值性的体现程度。只有通过创意思考创造出高质量的设计方案，才能对其进行优化，获得高价值的最优方案。价值工程在体育馆天然光环境设计优化中表现为从追求局部（天然光环境）的价值最优，到追求体育馆的整体设计效果和综合评价的合理性与满意性，从而促进体育馆项目的整体价值实现。

结合天然光环境设计的新趋势，通过新的视角和方法，建立基于价值工程理论的体育馆天然光环境优化设计的观念和理论框架，探索相应的设计对策，可使我国体育馆建筑实现真正的可持续发展。在实际项目的操作中，要完成这种复杂设计任务的协调与沟通是非常困难的，需要设计者在各设计阶段时刻以该目标指导设计方案优化的全过程，获得高质量与高舒适度的体育馆天然光环境。

2.2.2　与传统设计方法的区别与优势

价值工程绝不是对现有设计方案的设计审查，不可看成是简单的纠错与改错，也不是一味地降低成本而牺牲可靠性和必要功能。价值工程是一种系统方法，可帮助建筑师发现体育馆天然光环境设计中不必要的成本并加以剔除，核算项目建成和运营的全部成本，分析体育馆天然光环境的必要成本和运营期间所产生价值之间的关系。

2.2.2.1　区别

价值工程是对体育馆天然光环境设计的价值研究，它包括设计推敲和落成运营两个阶段，对于建筑师来说，需要在设计前期就开始分析其成本，并把重点放在设计进行时，以达到应用价值工程的最佳效果。以价值工程理论为基础，从技术和经济两方面相结合的角度研究如何提高体育馆天然光环境的价值，降低全寿命周期成本以取得良好的技术经济效果。

价值工程应用的系统研究技术被称为工作计划。与传统设计方法的工作计划不同，以价值工程的工作计划来界定体育馆天然光环境设计的工作范围，可优选出达到设计要求的最经济组合，同时帮助设计者找出方案高成本的出处，以达到优化设计的最终目的。

另外，基于价值工程的设计方法与传统设计方法中的降低成本是不能等同的，在进行体育馆天然光环境设计时切不可混淆。成本的降低只是价值工程达到的部分成果，在传统设计中通过改变设计方案，采用低成本技术与材料同样可以达到，可将它视为一种节约。运用价值工程是建筑设计思想的改变，是以功能为主线，对传统设计方法进行改进或是创新，以相对简单、易达到的设计方案来实现必要的功能，使体育馆天然光环境具有更高的价值，同时采用更为经济的设计方案。

2.2.2.2　优势

与传统的价值观不同，价值工程的价值观是具有竞争意识和系统思想的现代价值观。作为体育馆的"上帝"，使用者的需求成为体育馆之间在运营中展开竞争活动的中心。价值工程的价值观认为：体育馆比赛厅天然光环境的功能和成本都不仅仅与体育馆运营方产生联系，更重要的是它们都关系到使用者。功能实际上应是体育馆运营方借助一定手段载体加以实现的，但前提必须是使用者客观需要和认可的功能，即必要功能。成本则指体育馆比赛厅光环境的全寿命周期成本，即包括生产成本和使用成本两部分。两部分成本也都与体育馆使用者有着直接关系，它将直接影响使用者的消费支出。

价值工程不仅可以把体育馆运营方和使用方紧紧地联系在一起，而且把由使用者客观决定的功能和成本两方面统一起来，组成以提高对象（体育馆比赛厅天然光环境）价值为目的的价值系统。把体育馆比赛厅天然光环境需支付和需实现的功能结合起来，综合系统加以考虑而建立的功能成本相协调的价值系统，就是技术经济相结合、相协调的

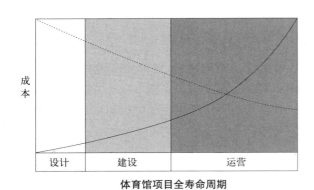

成本

设计　　建设　　运营

体育馆项目全寿命周期

············· 成本节约潜力　　　———— 改进成本

图 2-3　体育馆天然光环境成本节约潜力

效益系统[41]。

在国际价值工程协会（SAVE International）的材料中指出，价值工程的优势在于降低成本、增加利润和改进性能[7]。研究证明，虽然业主提出的要求是建筑师等设计团队努力工作的目标基础，但是建筑师等建筑设计团队的工作成果对设计项目全寿命周期成本的影响，要比业主要求对其的影响大很多，甚至是位居首位。建筑师在体育馆天然光环境设计阶段运用价值工程方法具有很大的灵活性，能够极大地促进性能的改进，大幅度地降低全寿命周期成本，而且不会因为设计方案的改变造成成本费用的巨大损失，而随着设计项目的不断实施，方案改变或改进的成本将会大幅增加（图 2-3）。

成功的价值工程应用往往要提供比传统设计方法高出几倍甚至是几十倍以上的可见的节约效益，也可以提供可持续发展观的生态效益，可将其视为"一种符合客观实际的、谋求最佳技术经济效益的有效方法"[7]。价值工程方法能够打破传统设计方法的束缚，摒弃"先入为主"的设计思想，鼓励建筑师发挥最大限度的创造性思维，帮助客户发现他们的真实需求，便于建筑师对设计项目的基本功能作出正确判断，并对产生的多方案进行比较、分析和选择。

2.2.3　体育馆天然光环境的价值体现

价值在价值工程方法的研究中主要涉及经济价值，可细化为成本价值、交换价值、偏好价值和使用价值[7]。在体育馆天然光环境设计中应用价值工程是为了给客户创造真正的价值，而体育馆天然光环境的价值除了具有经济学特征外，还体现了其建筑本身所赋予的重要设计要素。

价值作为衡量一个体育馆天然光环境满足客户需求程度的关键标尺，首先应探讨设计所提供天然光环境对于客户而言究竟有什么价值。为了响应把我国建设成为资源节约型、环境友好型社会的号召，在进行体育馆天然光环境设计时，要时刻注重对技术、经济、生态、审美、社会等物理与精神情感方面价值的把握，将生态节能、资源与技术的有效利用等实现我国可持续发展的重要环节真正体现在建筑设计的各个部分。因此，对于体育馆天然光环境的价值，可根据其发挥的作用分为以下几种类型：

2.2.3.1　技术价值

广义的技术是指人类在认识自然和改造自然的实践中，按照科学原理及一定的经济需要和社会目的发展起来的，为达到预期目的而对自然、社会进行协调、控制、改造的知识、技能、手段、方法和规则的复杂系统，包括了"硬技术"和"软技术"[42]。"狭义的技术，是指技术的表现形态，包括体现为机器、设备、基础设施等生产条件和工作条件的物质技术（或称硬技术），与体现为工艺、方法、程序、信息、经验、技巧和管理能力的非物质技术（或称软技术）。"[43]

在本书中，技术价值是为获得体育馆天然光环境而进行设计的方法、手段和规则的完整体系，是为了实现体育馆天然光环境价值，在对天然光的获取加以控制和改造的过程中所体现的价值，它包括可再生能源技术、材料技术、结构构造技术、光导向技术和智能控制技术等有益于体育馆天然光环境的高新技术。在体育馆天然光环境设计时，不仅仅是将所掌握的技术知识加以运用，而且对这些技术知识进行整体的、全面的分析，最大限度地利用适当的技术，通过高效率、最低限度地使用能源，来实现体育馆天然光环境价值。

技术价值的提升是体育馆天然光环境价值提高的重要条件和物质基础。当技术对于体育馆天然光环境具有很强的应用性和明显的经济效益时，它就具有了一定的技术价值，并被赋予了生命力。先进的技术可以提高体育馆天然光环境的价值，但也受到经济条件的制约。为具体项目寻求适应的技术，是获得体育馆天然光环境技术价值的基础。

2.2.3.2　经济价值

马克思主义认为商品具有两种价值：使用价值（给予商品购买者的价值）和交换价值（给予商品提供者的价值）。马克思在《资本论》中提出，使用价值是指物品的有用性，可将其看成是对体育馆天然光环境的成本与质量是否满足客户所需功能的一种评价。因此，体育馆天然光环境的使用价值就是指它的全寿命周期成本及其所具有的实际质量。

交换价值是指我们在进行物品交换时，所愿意接受的数额[6]。体育馆天然光环境的交换价值可以用它的全寿命周期成本，或是其所具有的实际质量来进行表示。例如，天然光作为一种自然资源，若是经过人类的加工，凝结了人类的一般劳动，即成为商品，它就具有交换价值；若未经过人类劳动，就不是商品，不具有交换价值，但是对于人类具有使用价值。所以，不管是将天然光直接引入体育馆，还是通过先进技术手段再应用到体育馆中，它都将具有使用价值，只是后者兼有交换价值。

经济价值是人类实践利用外在自然资源所创造的商品或服务的成本。它是凝结在商品中的一般人类劳动仅衡量其经济效应时的形式外化结果[44]。体育设施在国家经济建设中具有一定的城市载体作用[45]。尽管我国大部分的体育设施经济效益不高，甚至收支不平衡，但是考虑到人们体育文化生活的需要，对体育设施的人力和物力投入一直都在逐年增加，使其成为重要的社会经济着眼点。这就需要在不断提高体育馆的多功能综合利用的同时，实现体育馆天然光环境的经济效益的增加。

2.2.3.3   审美价值

建筑，是同时体现了实用价值和审美价值的物质产品[46]。体育馆天然光环境是通过采光口的实体造型，融入多种相关工程技术和艺术手段来体现其实用与审美价值的。体育馆天然光环境的美是形式美因素与人类精神因素的和谐统一。它反映了在特定的时期、地域、民族和社会的基本形态以及心理因素等条件下，客户对体育馆功能和社会文化意识的需求。

"美（审美现象）作为一种特殊的价值现象，人们通常称之为审美价值。"[47] 审美价值作为一种特殊的价值形态，以愉悦性作为其基本品格，对于体育馆天然光环境价值的评价具有不可或缺的地位和意义。体育馆天然光环境的审美价值受到美感、魅力以及情绪等方面因素的影响，它可以帮助体育馆的业主争取到更广泛的客户群体，实现利润的增长。每一座体育馆天然光环境的审美价值都是相对独特的，不可模仿、重复，而客户必须经过亲身体验、感受和领悟，有时这些审美价值甚至是不可转述的。

体育馆天然光环境作为一种实用艺术，是功能与形式美完美结合的人造物，是充满生活和艺术的环境，是使用者进行各种审美活动的场所。体育馆天然光环境的美包括自然美、形态美、功能美、技术美、生态美、环境美和意境美，而意境美是其最重要的审美表现（图2-4）。一座现代化的体育馆，不但要追求建筑形体美，还需要有令人愉悦的光环境。体育馆比赛厅采光照明也具有艺术性，这种艺术不能等同于一般范畴中的艺术。它的实现必须依靠相关领域的知识与技术、实践经验的积累和一定的创造力。太阳作为天然光的发源地，在世界上的许多宗教信仰中被当作是神灵的家园或是他们的神圣

图2-4   广州体育馆2号馆的全透射顶棚

力量。它不仅保证人们的身体健康，获得愉悦、振奋的心理反应，还可以通过光的天然感染力，表现建筑空间色彩、质感、结构之美。天然光环境设计不仅要具有使用价值和交换价值，还要创造出天然光环境的艺术氛围，使其具有"理性"和"感性"的美学价值，体现体育馆建筑与空间，光与影的融合。

2.2.3.4　生态价值

生态价值是通过生态服务功能而体现出来的对人类直接或间接的作用。生态系统服务功能是指生态系统与生态过程所形成及所维持的人类赖以生存的自然环境条件与效用[38]。体育馆天然光环境的生态价值是使用者进行活动和体育馆可持续发展的基础条件之一，不能为了其他四个方面的价值而破坏生态价值，它是体育馆天然光环境的核心价值。

任何资源相对于人类的需求都是稀缺和有限的，从可持续发展角度来看，为了改善体育馆光环境质量，维持生态系统平衡，应用天然光源代替人工光源，降低资源与能源的消耗是体育馆光环境设计亟待解决的问题。生态价值是人类实践改变外在生态环境所造成的可交换的生态效应所负担的成本。它是凝结在商品中的一般人类劳动仅衡量其生态效应时的形式外化结果[44]。生态价值与经济价值在体育馆天然光环境设计的过程中是同时出现的，都可用货币加以计量，是所塑造的体育馆天然光环境的两种衡量形式。

2.2.3.5　社会价值

体育运动作为一种人类的社会化活动，与国家、阶级、各级政府、体育组织、社会团体、家庭等各社会结构层次都有着密切的关系，它们所构成的体育社会环境越来越受到社会各阶层的重视。其中，竞技体育水平的提高彰显了国家经济、科技和文化等综合国力的发展水平，弘扬了民族体育精神，使体育的政治功能得到了高度重视。同时，随着体育经济发展的不断深入，体育产业化、体育商业化和体育社会化也需要体育建筑适应其发展的走向与步伐。

不同质量的设计方案的全寿命周期成本差异可以看做是脑力劳动和体力劳动的差异所引起的，它体现了体育馆天然光环境的社会性差异。不同质量的设计方案所创造出的天然光环境氛围与意境不同，则可以视为体育馆天然光环境的文化性差异。因此，可以说体育馆天然光环境是社会性和文化性的天然采光设计。

天然光作为一种人与自然之间的联系纽带，还可以使人们的生活变得多姿多彩，更多地感受到生活带来的快乐。体育馆天然光环境在充分满足其使用功能的基础上，还必须具备文化要素，使其成为反映文明的社会组成部分。体育馆天然光环境除了反映体育功能、使用者健康等需求因素外，作为体育文化的物质财富，还受到社会意识形态的影响，体现了社会平等、社会文化、社会安全等社会基础问题，标志着国家和城市现代化的发展现状，决定着生产力要素——人的质量以及国民生活的质量。这些社会问题越来越受到建筑师的关注，也感受到了它在体育馆天然光环境中的存在价值。总之，体育馆天然光环境要有良好的社会价值来增进体育馆使用者的舒适与满意程度。

2.3　体育馆天然光环境设计的价值认知

2.3.1　体育馆天然光环境价值的影响因素

对于哪些因素影响了体育馆天然光环境的价值，其中什么是主要影响因素，项目利益相关者的各方观点都各有不同。人们往往根据某一项既有标准来进行分析，由此也就不能作出最佳判断。

(1) 强调内部价值而不是客户价值

建筑师在体育馆设计过程中，无法做到各个设计环节面面俱到。在以往的体育馆天然光环境设计中，为了尽量减少设计前期的成本，在有限的时间内完成大量的设计任务，建筑师大都使用其内部价值标准来决定设计的发展走向，通过保留现有的技术条件，只调整设计风格使设计简单化，关注是否能根据现有的设计方案来完成新的设计任务。

为了保证方案的中标率，将设计的重心多放在造型的新颖与多功能的应用等方面上，致使比赛厅天然光环境多采用常用的模式化设计，习惯性思维使建筑师不断地重复同一设计，在我国实际落成的体育馆中少有突破性的设计。由于种种原因，很少有设计方在设计的各阶段将客户价值（客户所获得的价值）作为主要参数。但是千篇一律的设计不是客户的需要，他们想要的是符合他们的价值标准、具有特殊性的"惟一"作品。如果建筑师达到了其内部价值标准，也就失去了设计方案的多样性，久而久之，会导致客户群的流失和使用者对体育馆天然光环境信心的丧失。只有不断地推敲、改进、实践与积累这种循环往复的过程，才能将其设计不断完善。

(2) 利益相关者之间缺乏沟通或缺乏共识

作为大型公共建设项目的体育馆建筑，它大都涉及多个利益相关者，这是它的特殊性所决定的。由于它的建设投资费用巨大，既是专业比赛、训练场所，又多兼作全民健身体育设施，致使它的投资方可能是政府、国有或私有企业，也可能是多方联合出资，运营方与监管方也会相对复杂，而使用者更加多样化，包括运动员、教练员、赛事组织人员、观赛人员等。

关于体育馆天然光环境的设计目标，各方利益相关者想获得的价值和目标具有差异性，往往持有不同的观点，导致强势的一方获得决定权较多，而无法全面地协调所有利益相关者的价值。这是因为在设计前期确定设计的范围要求时，体育馆的客户之间缺乏有效的沟通。这需要在设计立项时有意识地加强利益相关者的沟通，取得相对单一的目标，使建筑师将他们的需求有效地反映到设计作品中，达到体育馆天然光环境价值的提升。

（3）固守的传统设计思想与客户要求与需求的变化

长期以来，我国体育馆的技术与经济、功能与成本、场馆运营与使用者需求脱节的现象十分严重，传统的设计思想对体育馆比赛厅光环境不从技术和经济的最佳结合上进行综合分析，而是片面地追求体育馆光环境的性能和寿命，忽视产品的经济性。特别是建筑师多注重于技术的先进性、适用性、安全性，但对经济效益的注意仍显不足，对体育馆的技术经济分析就更为不够，致使技术经济指标严重落后。

由于建筑师、业主或是上级主管领导都会对新的设计构想或多或少存在一定的排斥心理，传统的思维习惯和心态制约了具有较高实际价值的体育馆天然光环境设计方案的产生。人们对那些长期效果良好的设计方案，更是坚决固守不愿变化。同时，体育馆这种建设周期较长的大型公共项目，在其设计、施工过程中，客户的要求和需求会随时发生调整，例如赛后多功能利用的考虑将使用者的范围加大，带来了设计功能价值的改变。这种惰性的产生，使我们的创造力无法发挥，缩小了价值的提升与改进空间。究其根本，体育馆天然光环境的功能要紧跟客户的价值变化，加大设计方案的应变能力，以此满足客户变化的要求与需求。为了改变这种状况，需要建筑师摒弃传统的设计思想，树立新的设计观念，运用创新性思维对体育馆天然光环境设计的技术和经济问题进行系统考虑。

（4）错误的设计理念

建筑师大多将体育馆天然光环境设计的重心放在片面追求采光口的"新、奇、特"的造型上，片面地认为天然采光技术越先进越好，使用寿命越长越好，采光口越大越好，漠视使用者的实际需求，而且经济观念淡薄，造成材料消耗高、技术造价高，增加建造方与运营方的费用，缺乏强烈的成本意识。这些错误的设计理念是长时期以不正确的理由宣传价值的结果。运用价值工程方法，可以向这些不正确的理念和不公正的评价提出质疑，通过对体育馆天然光环境的价值分析，寻找设计的价值替代方案来淡化这些理念。

（5）设计信息收集的局限

随着全球化进程的加快，互联网使得共享的信息资源不断增多，新技术、新产品得以不断涌现，它们比我们的知识更新速度快得多，要随时与世界上先进的设计信息保持同步，是很难完成的任务。但设计信息的缺乏与错误的设计信息都会导致建筑师在设计过程中作出错误的决定，带来错误的价值评估。尤其是未经实践检验的前沿信息资源，更是不敢贸然加以应用了。由于这种认知，一些建筑师仍然坚持过时的设计标准或是那些应该被取代的老旧技术，使我国的大跨度公共建筑设计严重落后于世界的先进发展水平。价值的研究可以帮助我们将这些信息作为待验证的假设，有组织地质疑这些假设，确定它们对成本和性能的影响，再根据研究结果修改或是替换这些设计信息。

（6）时间的限制

按照我国《建筑工程招投标法》的规定，建筑师在接到设计任务时，被要求在规定期限内完成设计任务，如不能按时提交方案，将被取消参评资格，即使是再好的设计也是没有价值的。为了能在有限的时间内，满足设计任务书中的各项要求，达到方案的可靠性与竞争力，势必会影响对设计方案的推敲，无法深入地权衡体育馆天然光环境的矛盾问题，更谈不上对设计成本、功能的分析与取舍。另外，在建筑项目的施工阶段，为保证施工工期，也会造成体育馆天然光环境质量的下降与成本的升高。

（7）社会因素

作为城市重要标志的体育馆建筑的建设，由于投资、资源消耗、影响巨大，成为各级政府和广大人民群众关注的热点。国家政策、政治、经济与社会舆论导向等社会因素，往往直接或间接地影响建筑师、项目建造甲乙双方等方面的利益导向，使各方不可以或不愿意改善设计中的不必要成本，这就要求我们必须从政策、法规与舆论引导等方面入手来解决影响体育馆天然光环境设计的根本问题。

总之，对体育馆天然光环境设计产生影响的因素是多方面的，既有建筑师本身的主客观因素，也有建造方、建造承包方、运营方、使用者以及相关政府管理部门的因素。在设计建造过程中，无法预期的突发事件与具体环节执行人的习惯与态度等，都会对体育馆天然光环境价值产生影响。价值工程正是通过对体育馆天然光环境设计的影响因素加以分析，尽量减少不必要成本，探讨最有价值的设计方案的技术。

2.3.2　提高体育馆天然光环境功能价值的基本途径

价值工程研究功能与全寿命周期费用的目的是为了对其进行价值分析，探讨功能与全寿命周期费用之间的关系，寻求提高价值的途径。根据使用者客观需求的不断变化，通过功能（或技术）和成本（或经济）之间的同方向或逆方向的矛盾运动产生两者的不同组合结果，可开辟提高价值系统价值的多种途径，为使用者提供各种不同层次需求的功能，从而使价值系统与外部环境不断保持动态平衡，价值工程也就能表现出长盛不衰的生机和活力[41]。

降低消耗是价值工程的永恒主题。降低全寿命周期成本是价值工程三元观念中的分母项，只有降低其值，才能提高价值。只有降低消耗，才能有效地利用资源，才能增加效益[39]。从公式（2-1）可以看出，价值（V）与功能（F）成正相关的关系，与寿命周期费用（C）成负相关的关系，价值是功能与全寿命周期费用的函数。通过了解公式中各参数项的变动趋势与价值的关系，并对它们进行调整，可从价值工程视角定性地得出提高体育馆天然光环境价值的途径。

（1）$F\uparrow/C\downarrow=V\uparrow$[①]

---

① "↑"表示提高，"↓"表示下降，"→"表示不变，"↑↑"表示提高幅度比"↑"大，"↓↓"表示下降幅度比"↓"大。

既提高功能，又降低全寿命周期费用[6]。麦尔斯的方程式表明，最大价值来源于以尽可能低的成本提供最多的必要功能。通过增加体育馆天然光环境的必要功能，尽量削减不必要功能，以降低浪费的全寿命周期费用。这是提高体育馆天然光环境价值的最理想途径，也是价值工程研究的主要目标。

（2）$F \rightarrow /C \downarrow = V \uparrow$

即在保证对象必要功能的前提下，采取措施降低全寿命周期费用[6]。此种办法是使体育馆天然光环境的必要功能保持不变，通过削减不必要功能，来降低其产生的全寿命周期费用。

（3）$F \uparrow /C \rightarrow = V \uparrow$

即在控制全寿命周期费用不增加的条件下，采取措施提高功能[6]。如果改进了性能但使成本大幅度增加，与牺牲性能以降低成本一样不可接受。此种办法是以保持全寿命周期费用不变为前提，通过增加必要功能和削减不必要功能，调整 C_1、C_2 和 C_3 在 C 中所占的比例，达到提高价值的目的。

（4）$F \uparrow\uparrow /C \downarrow\downarrow = V \uparrow$

即全寿命周期费用略有增加，功能大大提高[6]。建筑师进行设计的过程，就是不断提高必要功能的过程。如果客户需要、想要并且愿意为更高的功能付费，那么提高体育馆天然光环境的功能会使价值提高。在对设计方案进行优化时，选择较低的全寿命周期费用来实现提高部分的必要功能，这本身就是价值提高的保证。增大提高必要功能与提高全寿命周期费用之间的幅度差，可以为解决体育馆天然光环境矛盾问题的各个分项提供有效的设计方法。

（5）$F \downarrow /C \downarrow = V \uparrow$

即功能稍有降低，而全寿命周期费用大幅度下降[6]。体育馆天然光环境设计需要根据该项目的具体主客观条件，分析必要功能的组成。如果将部分功能强度与性能指标降低，就可使全寿命周期费用大幅度下降，在不影响使用者使用的情况下，这未尝不是提高价值的简便有效的途径。

其中，后两种改进价值的方法不利于体育馆天然光环境设计的发展与进步，不是我们所提倡的，它们的效果不够突出，并且需要专门的技术来衡量功能，对成本与功能的关系作出评价。对于价值分析，建议不要牺牲体育馆天然光环境的功能来降低成本，只有在保持或者是提高它的必要功能时，才能兼顾项目利益相关者的全部成本。只有达到功能与全寿命周期成本的最佳匹配，才能实现价值的最大值。正是基于价值工程的应用，以适当的全寿命周期成本取得适当的质量，使体育馆天然光环境的价值得以体现。

此外，体育馆天然光环境设计项目的负责人——建筑师—— 一定是价值工程研析工作组的成员甚至是组长，统筹整个项目的设计工作。他们不但要尽可能地争取业主或是上级主管领导的支持和协作，还要增加业主或是主管领导、使用者和运营方等各方利益相关者的参与感。

2.4　体育馆天然光环境的价值工程实施准备

设计项目最初的价值工程准备阶段是提出问题并加以研究的过程，是成功进行体育馆天然光环境设计优化的关键阶段。它首要完成的是价值工程对象的选择。在本书研究中，已明确价值工程对象为体育馆天然光环境设计，价值工程目标为实现体育馆天然光环境设计的全寿命周期优化，分析范围为体育馆比赛厅光环境设计中的天然光应用。组成一个有设计各相关专业专家的价值工程工作小组，是价值工程的基础步骤，根据建筑项目在设计阶段的实际运作现状，把价值工程工作计划纳入到体育馆天然光环境设计的整体计划中去，运用所掌握的价值工程知识进行价值分析。

再通过由与设计相关的各专业技术专家组成的价值工程工作小组，建立一种紧密合作的工作关系，共同制定体育馆天然光环境设计的价值工程作业实施程序。在此期间，建筑师要充分发挥自身潜力，最大限度地完成职业所赋予的责任，尽量减少建立价值工程活动小组所需的人力与物力，将价值工程工作小组中与设计相关的各专业技术专家的经验与观点一同并入各相关设计信息资料中进行收集整理。因此，体育馆天然光环境设计价值工程作业准备阶段的主要内容为对其进行市场分析与定位，制定价值工程作业实施程序，这也是本章论述的重点内容。

2.4.1　市场分析

现阶段，大多数体育馆也流于其他大型公共建筑的奢华之风，带来的直接后果是大量资金的浪费和建筑耐用性、安全性的下降。另外，我国的建筑节能[①]指标定得过低且不完整，以至于一些所谓的"节能建筑"建成之日就是它的落伍之时。这需要我国相关职能部门总结国内外大型公共建筑的建设经验，抓紧制定出台符合中国国情和资源节约型、环境友好型社会要求的建筑设计标准体系，从源头上把住体育馆建筑节能、节地、节水、节电、节材和环境保护的闸门，选择那些可能获得最大投资效益的设计方案作为实施方案。体育馆建筑形式要服从其建筑功能，遵循内容决定形式、功能优先，讲求适用，考虑设计项目的资金限制，统筹考虑建设和运营成本。新时代的体育馆建筑要突出节能环保，抓好建筑节能，建筑创作要体现特色与创新，继承和弘扬优秀的传统文化，吸收国外先进的理念和技术，在创新的基础上不断提高建筑的品质和品位。

---

① 在我国，建筑节能是指在建筑中合理地使用和有效地利用能源，不断提高能源利用率。

在体育馆天然光环境的价值认知方面，对市场的分析与定位，对业主、使用者和运营方需求的揣摩变得比任何时候都更为重要，所有的这些都给体育馆天然光环境设计带来严峻的挑战。面向市场，实现用户需求是价值工程的动力源泉。麦尔斯所提出的功能，就是用户的需求，就是市场。没有市场，离开用户需求，功能就为零[39]。在进入 21 世纪以来，中国的体育事业发展迅速，竞技体育进步飞速。我国体育代表团获得了 2008 年第 29 届北京夏季奥运会奖牌榜第 1 名和 2010 年温哥华冬季奥运会奖牌榜第 7 名的骄人战绩。随着人民生活水平的日趋提高，群众体育健身事业也有了很大的发展。作为体育产业的三大支柱：竞技体育、市场体育和群众体育，它们的发展都离不开体育建筑，更加离不开体育照明。

体育馆天然光环境设计首先应以其特殊的使用功能为中心，必须满足观众观看比赛和在比赛、专业训练和教学训练时运动员、教练员、裁判员、工作人员和竞赛官员比赛和工作的需要，符合国际体联最新的比赛规则的要求以及满足赛后利用，向公众开放等多种需要。如何创造舒适的天然光环境是体育馆比赛厅设计不容忽视的核心问题，是场馆日常运营的工作重心。大量实验证明，光环境的质量直接影响到运动员的比赛、训练和群众的健身锻炼，乃至其生理和心理健康要求。

价值是体育馆天然光环境满足客户要求和需求所要达到的目标，然而，最佳价值却很难达到，也几乎没有达到过。建筑作为一种遗憾的艺术，满足客户要求和需求，去除劣质价值是建筑师坚持不懈的努力方向。然而，通过对我国部分体育馆光环境的调研发现不同时期的体育馆光环境的客户满意度水平（消费者的感知价值指标）呈下降趋势。在大力建设资源节约型、环境友好型社会的今天，体育馆天然光环境使用者的价值认知差异越来越复杂，大规模工业化的批量设计与建设已经被根据使用者的需求进行专项定制所取代。一个体育馆的业主——无论是个人、企业还是依靠税收支撑的公共机构——是不会为那些无任何价值的体育馆天然光环境设计买单的。在设计的过程中，如果负责控制成本的业主、体育馆使用者与建筑师之间缺乏沟通，就会将过剩功能加入到设计中去，致使全寿命周期成本不断攀升。

由于来自设计从业者、场馆使用者和场馆运营者各方面的竞争，体育馆天然光环境设计必须进行变革。中国改革开放 30 年来，钢材、混凝土和木材等主要建筑材料的费用不断上涨，体育馆的建造成本也迅速提高[7]。面对这些艰难的挑战，如果设计变革取得成功，体育馆天然光环境就能更好地满足场馆各方的需求，更好地减少成本与功能的浪费和提高价值。这些变革不但在设计阶段可以提高体育馆天然光环境的价值，在场馆的运营周期中也可保持全寿命周期成本的降低。在当今的社会主义市场经济环境下，控制全寿命周期成本、重视功能、对实际项目的变化作出响应、提高体育馆天然光环境价值是场馆各方长期利益的关键所在。

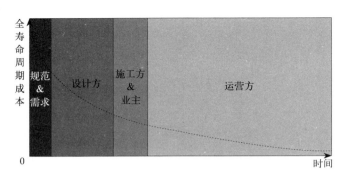

图 2-5　主要决策者对全寿命周期的影响

体育馆的使用者与运营方之间的利益，既有相同之处，又有矛盾之处。对于体育馆的运营方而言，长期盈利是他的主要目标，而体育馆天然光环境的高效服务则是场馆使用方的共同目标。使用者希望全寿命周期费用 C 中的各项都越少越好，而运营方希望分摊利润与税金 C_2 越多越好，设计成本 C_1 和使用费用 C_3 越少越好，这是场馆收益的保证。这种异同就需要建筑师在体育馆天然光环境设计阶段进行价值分析，以最低的全寿命周期费用，为使用者与运营者双方都争取到较大的经济效益。作为体育馆建筑天然光环境设计的业主或是上级主管领导，最为关注的是该设计项目的建设成本和运营成本，而设计成本与之相比所占的比例是非常小的。因此，节约包括项目设计、建设和运营等成本在内的全寿命周期成本，是体育馆建筑天然光环境价值提升的关键指标。如图 2-5 所示，项目的设计阶段正是节约全寿命周期成本最具有潜力的阶段。

2.4.2　市场定位

在我国全力建设和谐社会、大力发展以创新为根本的知识经济的时代，在建筑设计指导思想由"功能论"转向"环境论"，进而发展至"生态论"的今天，为了体现科学的价值观，要时刻以体育馆天然光环境价值的高低作为设计依据，不可片面地追求高质量、高功能而忽视全寿命周期成本的过高消费，使大部分使用者望而却步，也不可盲目地降低全寿命周期成本导致功能不足与质量拙劣，使得客户需求无法得到满足。价值工程理论致力于降低体育馆天然光环境的全寿命周期费用，而不仅仅是它的全寿命周期成本。这也要求建筑师在进行价值分析时，多以体育馆使用者的立场来考虑问题，而不仅仅是考虑体育馆运营方的利益，这是价值工程理论基本思想的集中表现。

随着体育馆内体育文化活动的内容、方式日趋科学化和现代化，为了适应现代体育发展的需要，为竞技体育的比赛训练、教学训练和群众健身提供优质的物质载体，不但要满足多种体育运动项目的综合利用，还要提供文化演出、群众集会、娱乐等各类公共活动所需的场所，以达到提高竞技体育水平和普及全民健身运动的作用。在体育馆比赛厅天然光环境设计中要重视采光的优化设计，做到在最大限度地发挥使用者的运动竞技水平的同时，避免由于光环境质量所引起的运动损伤，以确保比赛厅光环境的卫生健康。在满足使用功能的基础上，以"使用者"为核心，各相关专业协同设计，创造出一座高标准的体育馆。在体育馆中，使用者通过使用比赛厅的功能来获得满足感，体育馆比赛厅天然采光的设施与应用仅仅是这种功能的载体，所以建筑师在进行设计时，必须学会尊重使用者的需求，尊重市场的需求，将"以人为本，以市场为本"的理念深入地贯彻到设计的各个环节中去。

技术资源的不断发展，为产生新的设计创新提供了可能，只有打破传统、寻求设计手段的创新，体育馆天然光环境的价值才会从边际式的改进迈向跃进式的提高。在体育馆比赛厅天然光环境设计的过程中，我们需要选择合理的结构形式和采光方式，强调建筑结构、空间和光环境的完美统一。要达到这些要求，对于建设规模较大的体育馆建筑来说，它将是一个建设投资相对庞大的系统工程。由于我国地域广阔，不同地区经济发展水平不同，体育馆出资方的经济实力也有较大的差距。体育馆比赛厅天然光环境设计将受城市的地域特点、经济水平、产业结构、社会文化、空间环境、使用群体等多方面因素的影响，因此，它必须与其所在区域紧密结合，有机共生，在全寿命周期中实现节约能源，发挥整体效益，实现真正的可持续发展。

在体育馆天然光环境设计阶段，必须深入了解客户的需求，由于客户需求的多元化决定了市场的定位，必然带来天然光环境设计的多元化。客户定制（Customer Design）时代已经到来，越来越多的专属服务成为设计的主流。体育馆天然光环境的市场定位，要对具体的设计项目进行具体分析，根据它的自然条件与社会条件，从自身的实际功能需要出发，作出适应自身价值提升的定位。另外，它的市场地位在全寿命周期内不会是固定不变的，它会随着运营的实际效果进行不断、深化、细致的调整。

2.4.3　价值工程作业实施程序

价值工程作为完整的思维系统，具有一套科学、严格的作业实施程序。在对体育馆天然光环境进行价值分析时，需要依据此作业实施程序逐步找出影响体育馆天然光环境价值的核心问题，以功能为核心，以提升价值为目标，采用富有创新意识的设计思维方法与应用技术，深入体育馆天然光环境设计问题的实质，有针对、有步骤地解决设计中的矛盾问题，以此获得较高的全寿命周期价值。

价值工程作业实施程序是一套能有效降低工作成本并能取得最佳价值的标准作业方法 [6]。它使价值工程分析更加客观、缜密，实现以最小的全寿命周期成本获取最有价值的创新。价值工程作业实施程序是一种有组织的、系统化的、多阶段的价值工程对象分析流程。按照麦尔斯所提出的最原始的工作计划 [33]，一般可以分为五个步骤：信息阶段、分析阶段、创新阶段、评估阶段和发展阶段（图 2-6）。作为一种通用的分析程序，在基于价值工程的建筑设计中已经得到应用，但是多为在工业建筑设计前期阶段、原有建筑改造和房地产开发等方面的应用，常采用浅显、粗略的表格分析方式，缺少对具体设

图 2-6　麦尔斯的价值工程方法工作计划 [7]

计方案的针对性与深入性，而此分析程序在体育馆这种大型公共建筑设计中的应用，更是从未涉猎过。

美国学者曾提出："价值工程是一种解决问题的途径，而不是什么技术。它提供的主要是指导思想，并没有固定的、成熟的工作程序和工作方法 [6]。"如果在体育馆天然光环境的价值工程分析作业中盲目执行此实施程序，就会使体育馆天然光环境的价值分析过程过于繁琐、趋于僵化，缺少对具体项目的灵活适应，不便于在设计阶段有效地提高功能价值。因此，在进行体育馆天然光环境设计的价值工程作业时，首先需要综合考虑设计项目的实际情况，确定价值工程工作计划，即体育馆天然光环境设计的价值工程作业实施程序（图 2-7）。

该实施程序由七个阶段组成，包括准备阶段、信息（资料）收集阶段、分析阶段、创新阶段、评价阶段、优化阶段、实施阶段。通过对麦尔斯提出的价值工程作业实施程序的五个步骤加以改进，为了更适应具体设计项目的不同需求和要求，将价值工程工作小组中与设计相关的各专业技术专家的经验与观点一同并入各相关设计信息资料中进行收集整理。在广泛地收集设计相关资料的基础上，抓住体育馆天然光环境的功能本质，明确体育馆天然光环境功能的现状与市场定位，依据价值工程的相关原理，对其必要功能和全寿命周期成本进行系统的分析与价值评价，并通过创新思维对结构构造技术和材料技术进行改进、整合，选取适宜的设备控制技术和工艺施工技术，通过方案的创造、多方案综合评价来完成方案的优化设计，使其有针对性地适应体育馆天然光环境各个具体设计方案的特定需求，以此增强设计项目的市场竞争力，并为方案的建议实施做准备。

体育馆天然光环境设计的价值工程作业实施程序为建筑师提供了价值研究从开始到结论的载体，明确了设计研究所需要考虑的各个必要方面，在实施时必须保持它的完整性，严格遵循作业程序的步骤，不可随意打乱顺序或是跨越式地实施各步骤，以免造成价值工程方法的运用失败。同时，体育馆天然光环境设计的价值工程作业实施程序不是孤立地、独立地完成的，是对传统设计方法的改进与提高，做到综合利用多种设计方法，使其相辅相成，共同为体育馆天然光环境设计服务。

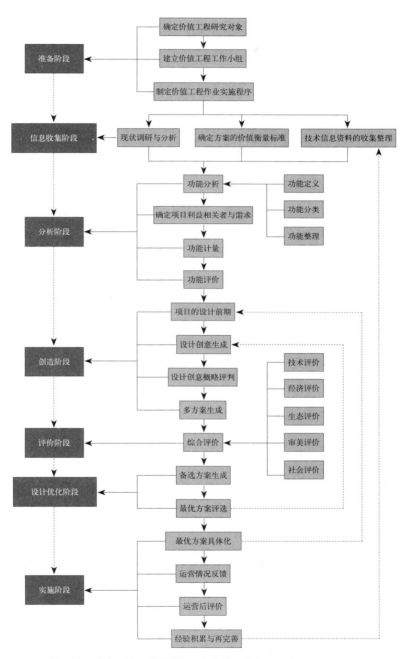

图 2-7　体育馆天然光环境设计的价值工程作业实施程序示意图

第3章 体育馆天然光环境设计的价值信息收集

为了节省建筑师的设计时间和精力，在信息收集阶段对必要的、可用的相关信息资料进行收集，是为了在开始体育馆天然光环境价值分析之前，更加详尽、深入地理解当前所研究的设计项目的全部有关事实。所获得的信息资源的质量、有效性与完整性，是基于价值工程研究的体育馆天然光环境设计得以成功的关键。建筑师要肩负起信息资料的产生、收集和整理的责任，必须对现已建成的体育馆典型实例进行光环境现状的调研与分析，了解相关历史数据和设计情况，掌握设计项目的技术难题和客户对它的需求，并着重收集与设计相关的技术资料，将这些收集到的信息资料加以系统的整理，转变为有意义的形式。所收集的相关信息资料越多，获得体育馆天然光环境价值的可能性、有效性就越高。因此，各相关设计信息资料的收集整理成为了价值工程作业实施程序的核心内容，并贯穿于价值工程活动的全过程，是本章论述的重点内容。

3.1 我国部分体育馆光环境现状调研与分析

在开展真正的体育馆天然光环境设计之前，建筑师需要在设计的前期阶段，通过现场访问、数据测算和问卷调查等手段，对具有代表性的典型体育馆建筑实例的光环境现状进行调研与分析。因为，在体育馆实际运营过程中，对光环境进行现场调研可以帮助建筑师获得真实的信息资源。笔者除对我国部分体育馆的地理位置、已有采光设施、建设情况等问题进行考察外，重点调查研究了位于北京、沈阳、南京、广州、深圳这5座城市的14个体育馆的光环境与运营现状，测算了比赛厅场地的水平照度与照度均匀度，走访了体育馆的业主、使用者、运营方，采用问卷调查的方式仔细询问体育馆光环境的使用情况。

根据体育馆比赛厅内主要照明方式的不同，将我国体育馆光环境分为顶向天然采光体育馆、侧向天然采光体育馆和无天然采光体育馆三种类型进行调研与分析。

3.1.1 顶向天然采光体育馆

3.1.1.1 北京老山自行车馆

北京老山自行车馆（图3-1）是北京奥运会场地自行车比赛的场地，其屋面采用了大跨度双层焊接球面钢网壳结构。根据场地自行车运动的特点，在圆形屋面的中心，距

图 3-1　老山自行车馆比赛厅

图 3-2　老山自行车馆采光天窗

地面 33m 高的区域，设有一个直径为 56m 的大型采光天窗。该天窗采用双层透光率为 10% 的聚碳酸酯板采光板（阳光板），这种阳光板不但透光性好，还具有散光作用，可将入射的天然光转换为漫射光，避免形成眩光与光斑。同时，圆形屋顶在侧墙外出挑 15m 宽的屋檐，与馆内的遮光帘相配合，可对比赛厅东、西两侧的约 500m² 的玻璃幕墙起到遮光作用。

同时，还有 150m² 的采光天窗（图 3-2）可以通过自动控制系统进行开启，并与侧向玻璃幕墙上面的开启扇形成"烟囱效应"，满足日常运营时通风换气和发生火险时消防排除的需要。但电动开启扇在开启后关闭时存在复位误差，关闭不严，可导致雨水落入馆内。

该馆在奥运赛后将作为国家队和省队的自行车运动训练基地，平时的训练对光线的要求并不苛刻，现有的天然光环境已经基本能够满足白天的运动员的安全照明和训练照明的需要，因此，一般不开启人工照明设施，只有在天气状况不好时开启人工照明设施。但是，由于屋面阳光板与相连接结构构件的热变形系数不同，随着早晚温差的变化，中心采光顶会有"咔咔"的响声，像是雨点打落在采光板上边，接近中午，响声减小。

3.1.1.2　中国农业大学体育馆

中国农业大学体育馆是北京奥运会摔跤和残奥会坐式排球的比赛用馆，被认为是国内体育馆建筑设计中的一大亮点。它的屋面设计借鉴了工业厂房建筑设计，采用巨型门式刚架结构的反对称折面。在层层跌落的屋面与外墙之间设置带形垂直天窗和侧向采光带，将采光设计作为建筑整体造型设计的重要组成部分。这些采光天窗在设计时考虑到通风换气的需要，设置了开启扇，但是，考虑到开启设施的故障率和气密性，防止漏雨和场馆内部设施的清洁等问题，在实际运营中一般不开启。

这些采光天窗与体育馆屋面结构垂直，可以减少部分天然光直射比赛场地，在奥运会比赛时，采光天窗用电动遮阳帘遮挡。在赛后，日常对学校师生和群众开放时，为了降低运营成本，将电动遮阳帘全部打开，在白天不需要人工照明设施，但因缺少控光和滤光等设施，天然光会在比赛厅内形成动态的带状光斑，影响比赛场地内的照度均匀度（图3-3～图3-6）。

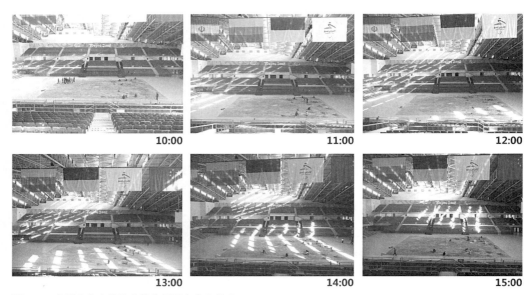

图3-3　中国农业大学体育馆东侧看台光斑轨迹

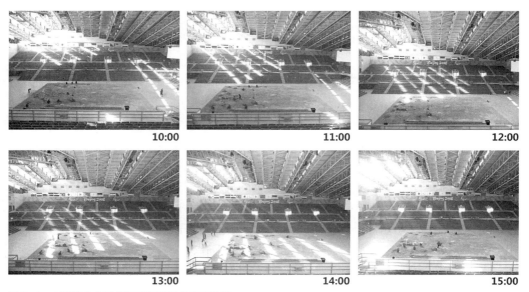

图3-4　中国农业大学体育馆西侧看台光斑轨迹

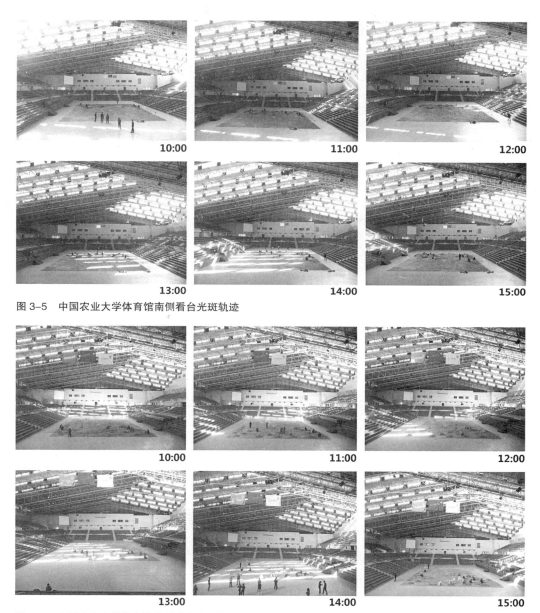

图 3-5　中国农业大学体育馆南侧看台光斑轨迹

图 3-6　中国农业大学体育馆北侧看台光斑轨迹

3.1.1.3　北京科技大学体育馆

作为承办北京奥运会柔道、跆拳道和残奥会轮椅篮球、橄榄球比赛的主要比赛场馆，北京科技大学体育馆（图 3-7）是世界上首个在比赛厅内应用导光管技术的体育馆，也

图3-7　北京科技大学体育馆比赛厅

是在一个空间内应用导光管数目最多的公共建筑。

　　为了满足竞技体育、学校体育、群众体育、集会和文艺演出的需要，充分考虑赛时与赛后的场馆综合利用和北京地区丰富的日照资源，该体育馆在比赛厅的东、西两侧设置竖向小高侧窗，在南、北两侧设置高侧窗，并配有固定式外遮光百叶。在屋面上没有采用常规手法在距地面高度为25m的平面网架结构屋面上加设采光口来引入天然光，而是使用了148套索乐图21-C-530mm的可调光式导光管照明系统，配套使用了OptiView®梦幻漫射器和日光调节器，全套系统通过8m长的光导管将天然光从光线漫射的位置均匀地传输到相距17m的比赛厅地面（图3-8）。

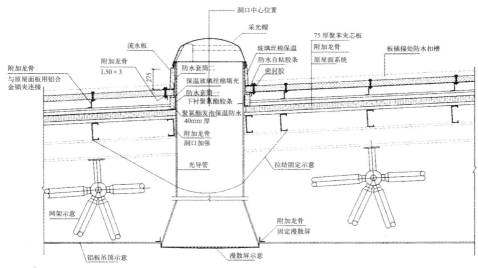

图3-8　导光管安装节点示意^[48]

　　在正式比赛时，通过安装于体育馆屋面上的电动日光调节器关闭导光管照明系统，采用人工照明系统；在赛会准备期，则开启用作日常工作照明和比赛前的清扫照明[49]。在场馆日常运行过程中，导光管的电机扇开启到最大限度，用以长期为学校的体育教学工作和学生课外活动服务。由于比赛区域满布 20 块羽毛球场地，导光管位于比赛厅的中心区域，中心 6 块羽毛球场地的水平照度均匀度较高，东、西两侧的水平照度和水平照度均匀度较低（表 3-1）。由于天然光具有动态的不确定性，在大部分天气里单独采用导光管照明，无法满足羽毛球运动对比赛厅光环境的较高要求，仍需要开启比赛场地周边的人工光源，采用人工和天然光混合照明。该馆的日常开放时间为 8：00 ～ 22：00，如果以每天白天 8 小时，开启 30 盏 400W 的人工照明灯具，平均一年使用 360 天为例计算，每年将要耗电约为 34560 度。

北京科技大学体育馆比赛场地使用率调查　　　　　　　　　　　　　表 3-1

序号	测量时间	使用者组成	使用者数量（人）	场地用途	场地使用数量	使用率（%）
1	8:00	体育课学生、教师、锻炼	36、1、17	羽毛球场地	20 块（满）	100
2	9:00	体育课学生、教师、锻炼	36、1、26	羽毛球场地	18 块	90
3	10:00	体育课学生、教师、锻炼	3、1、21	羽毛球场地	9 块	45
4	11:00	体育课学生、教师、锻炼	45、1、3	羽毛球场地	10 块	50
5	12:00	羽毛球比赛、观众	61、146	羽毛球场地	20 块（满）	100
6	13:00	体育课学生、教师、锻炼	35、1、109	羽毛球场地	20 块（满）	100
7	14:00	锻炼	47	羽毛球场地	20 块（满）	100
8	15:00	体育课学生、教师、锻炼	19、1、78	羽毛球场地	13 块	65
9	16:00	锻炼	97	羽毛球场地	20 块（满）	100

3.1.1.4　国家游泳中心——"水立方"

　　国家游泳中心（图 3-9）是北京奥运会的游泳、跳水和花样游泳比赛场馆，采用新型多面体空间钢架结构，屋面、立面和内部隔墙由采用双层 ETFE 材料的充气气枕构成（图 3-10、图 3-11）。天然光经过气枕结构的漫反射后射入场馆内部，而比赛厅内装饰多为白色，反射效果较好，基本上可以满足白天的运营要求。游泳中心内部采取天然采光，关闭或在适当的地方减少电力照明，预计电力照明负荷能够在 8am ～ 4pm 期间降低到 5 ～ 10W/m²，在 4pm ～ 6pm 期间降低到 10 ～ 20W/m²，在 6pm ～ 10pm 期间，需要进行满负荷照明，相当于每年节省照明能源 60 ～ 80kWh/m²[50]。虽然每年气枕的充气成本需要 50 万元左右，但是与节约照明耗电成本相比就显得物超所值了。根据内

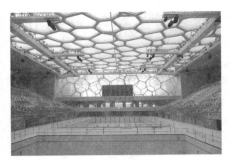

图 3-9 "水立方"比赛厅

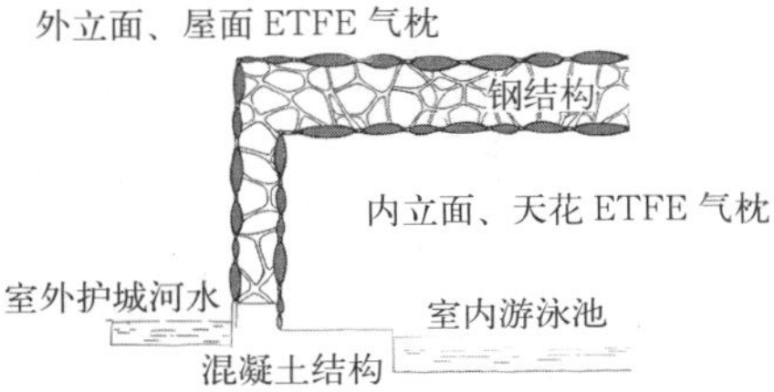

图 3-10 "水立方"幕墙系统示意图
图片来源：CCDI

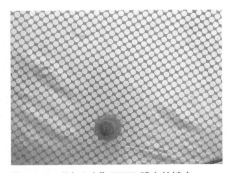

图 3-11 "水立方"ETFE 膜

图 3-12 "水立方"ETFE 膜上的镀点

部空间的使用功能，ETFE 膜材料表面印刷有圆点——"镀点"（图 3-12），直径为 16mm，密度为 10%、20%、30%、50% 和 65%，分别位于屋面和立面的不同位置，通过控制内表面的透明度，满足不同环境、不同区域对天然光的功能需求。同时，可以阻挡一部分红外线、紫外线和热量进入场馆内部，一定程度地实现热能和天然光控制。

由于北京风沙较大，雨水不够充沛，堆积在 ETFE 膜上的尘土不能及时清除，这会影响 ETFE 膜的透光率，审美效果也会有所降低，需要定期进行人工除尘。同时，ETFE 膜抵御热辐射的能力有待提高，在夏季双层气枕之间的温度会超过 50℃。

作为北京奥运建筑的主要代表作，"水立方"在历史舞台中具有其特殊性。在奥运会结束后一年的时间里，它的参观收入是非常可观的，实现了一部分的赛后运营收益。在赛后改造完成后，戏水乐园与各游泳池对市民开放，将会大幅提高日常运营的收益率。

3.1.1.5 国家体育馆

位于北京奥林匹克公园中心区南部的国家体育馆（图 3-13），是北京奥运会体操、手球、蹦床和轮椅篮球的比赛场地。它的屋面采用双向张弦空间网格结构，覆盖铝镁锰合金屋面板，并设有 5 条由光伏发电玻璃组成的带形采光天窗，产生的电能用于一部分地下车库照明，以实现建筑/光伏一体化（BIPV）的设计理念。在带形采光天窗的下方设置了电动遮光百叶，对比赛厅内的天然光进行调节，在正式比赛时关闭遮光百叶，以满足彩色电视转播需要，而在观众入场、退场以及运营维护时开启遮光百叶，以天然光代替人工光源，达到节约运营成本的目的。

3.1.1.6　广州体育馆

广州体育馆（图 3-14）屋面采用空间桁架加预应力索单元结构，用乳白色阳光板围合成巨大的全采光屋面，阳光板的透光系数约为 5%，白天比赛厅内光线充足，但由于阳光板材之间搭接面积小，没有作防水处理，下雨时如果起风，风会把雨水吹进馆内。另外，1 号馆屋顶与地面的距离远，天然光照度水平低于 2 号馆。

作为在体育建筑中应用天然采光技术的极端案例，在白天使用体育馆的时候完全不需要人工照明。但是，阳光板的隔声性能比较差，如果室外有太多的噪声（比如降雨带来的噪声），会对体育馆的日常使用带来不利影响。广州体育馆在实际使用中发现，阳光板的透光率有些偏大，全采光屋面在带来充足的天然光的同时，也加重了馆内热辐射效应。为了节省运营成本，除举办大型活动，日常对群众开放时不开启空气调节设备，在夏季比赛厅内温度可以达到 40℃。以 1 号馆为例，空气调节设备开启 1 小时的电费约为 2000 元，大大高于照明用电的费用。为此，2008 年安装了电动遮光帘（天幕）（图 3-15），不但可以控制比赛厅内光环境，还可以提高馆内声学质量。1 号馆的部分遮光帘位于屋面中心区域，在其处于收起状态时，遮挡比赛场地中心区的天然光入射影响比赛区的天然光照度与照度均匀度（图 3-16）。由于电动装置的故障等问题，遮光帘的开闭很难保证准确到位。

平时 2 号馆对群众健身活动开放，1 号馆只举行正规比赛和演唱会等重大

图 3-13　国家体育馆比赛厅

图 3-14　广州体育馆 1 号馆比赛厅

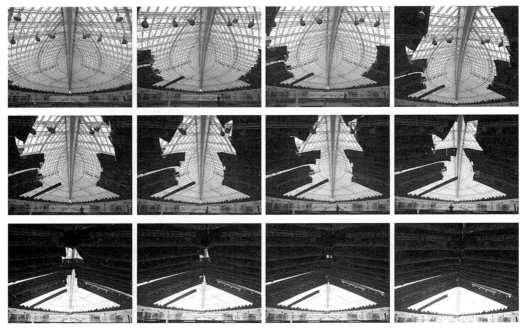

图 3-15　广州体育馆 2 号馆电动遮光帘的闭合过程

图 3-16　广州体育馆 1 号馆电动遮光帘

图 3-17　广州外语外贸大学体育馆比赛厅

活动，承办了 2010 年第 16 届亚运会的排球和乒乓球比赛。2 号馆的日常开放时间为
9：00 ～ 20：00，如果以每天白天 8 小时，开启 36 盏 2000W 的人工照明灯具，平均一
年使用 360 天为例计算，每年将要耗电约为 207360 度。

　　3.1.1.7　广州外语外贸大学体育馆

　　广州大学城广州外语外贸大学体育馆（图 3-17），考虑平时以满足校内师生体育教学需要为主，比赛厅和各个训练房都设计了充分的天然采光，以节省运行成本。它的屋面由两片曲壳屋面组成，在主拱高于两片曲壳的连接空隙设置垂直采光天窗，在两片曲壳上分别设有 5 条采光带，在南、北两侧设置配有内遮光帘的侧向玻璃幕墙。这些处理大大改善了比赛厅内的天然光环境，从而获得了较高天然光照度和照度均匀度，在白天，馆内一般不用开启人工照明设施。由于所处地域的自然气候条件，比赛厅内的通风换气条件需改善，馆内闷热，气温较高。在屋顶中央的采光带设有电动天窗开启扇，但是至今由于控制系统和电路等原因，仍无法电动开启。

作为 2010 年广州亚运会的羽毛球比赛场馆，在亚运改造工程中，为满足赛会彩色电视转播要求，从实际工程造价出发，选用低成本的铁皮覆盖屋面采光天窗，没有实施在采光天窗下加设电动遮光百叶的原设计方案。原设计方案可根据光线强弱和天然光入射角度电动调节百叶角度，控制眩光、局部过亮等负面效应，为体育馆的全寿命周期运营创造更大的光环境价值。

3.1.1.8　广东药学院体育馆

作为 2010 年广州亚运会的排球比赛场馆，广州大学城广东药学院体育馆（图 3-18）为了适应广州亚热带气候冬暖夏热、夏天气温高、太阳高度角大、日照时间长等特点，将其屋顶形态由南向北逐级升高，形成面向南侧的垂直带形天窗，避免南向天然光的直射造成眩光等负面效应，通过折射获得漫射光。由于比赛厅南、北两侧空间高度不同而形成风压差，通过比赛厅四周的高侧窗和具有电动开启扇的垂直天窗进行馆内的自然通风换气。

东、西两侧的高侧窗外设置了向南旋转 30° 的固定遮阳板，形成侧向进风口，并配有彩釉玻璃阻挡东、西向高度角较低的天然光直射（图 3-19）。南侧悬挑的屋檐设置固定遮光百叶，阻挡了高度角较高的天然光直射。由于温度升高，金属屋面板和玻璃（镀膜）的变形系数不同，在发生变形时，会有"噼噼啪啪"的响声。

图 3-18　广东药学院体育馆比赛厅

图 3-19　广东药学院体育馆固定遮阳板

图3-20　深圳游泳跳水馆比赛厅　　　　图3-21　东北大学游泳馆比赛厅

3.1.1.9　深圳游泳跳水馆

深圳游泳跳水馆（图3-20）屋面为钢桁架结构，主馆采用四榀三角钢桁架作为主要支撑，四个巨大的钢桁架桅杆由主馆中轴部分伸出屋面，由若干条钢拉杆与四榀桁架相连。在这些钢拉杆的下方，结合屋面的造型，设置了东西向巨大的梭形采光带，作为比赛厅内部游泳池与跳水池之间主要的天然采光设施。在比赛厅南侧设有大面积玻璃幕墙，在东、西两侧坐席区的后方设有高侧采光带。这些采光设置在白天基本满足场馆运营的需要，主要在天气条件不利的情况下，开启部分人工照明设施。

为了适应深圳亚热带气候，游泳馆除了设有深远的屋檐，还在侧向玻璃幕墙外的不同位置设置了大小各异的固定式挑檐与遮阳百叶，用以抵御强烈的天然光直射。同时，在侧向玻璃幕墙的低矮位置加设可动玻璃开启扇，以满足馆内的通风换气。

3.1.1.10　东北大学游泳馆

东北大学游泳馆（图3-21）屋面采用空间曲面网壳结构，为了获得充足的天然采光，在东、西两侧屋面的高差变化所产生的缝隙处设置了垂直天窗，在东、西两侧屋面分别设置5条和4条东、西向的梭形采光带。同时，结合建筑的立面效果，在东、西两侧外墙设有连续的横向与纵向带形窗，并与结构柱的位置相配合遮挡部分直射光，起到遮光作用。馆内白天光线充足，日常运营中很少开启人工照明设施，但是屋顶采光带与空气调节系统的出风管道之间的相互位置处理不当，有的出风管道在屋顶采光带下方，既影响天然光入射的均匀性，又影响游泳馆内部空间的美观性（图3-22）。

3.1.2　侧向天然采光体育馆

3.1.2.1　沈阳奥体中心综合体育馆

沈阳奥体中心综合体育馆（图3-23）屋面采用大跨度拱桁架结合单层（管）网壳结构，

图 3-22　东北大学游泳馆采光带　　　　图 3-23　沈阳奥体中心综合体育馆比赛厅

南立面是采用双鱼腹式拉索自平衡体系的大面积玻璃幕墙，东、西、北三侧在观众席区的后方设有高侧采光带。由于比赛厅面积达到 $10000m^2$，可容纳 10000 名观众，最大比赛场地面积为 $3840m^2$，可同时容纳 4 块篮球场地。由于比赛厅进深较大，只在侧向设置采光口，远远不能满足比赛厅天然光环境要求，造成天然光照度不足，照度均匀性较差。

　　作为 2013 年第 12 届全国运动会的主要比赛场馆，体育馆业主出于对体育设施的运营管理与维护，现阶段并没有定期对普通市民开放，因此缺少对日常运营状况的收集与分析。

3.1.2.2　南京奥体中心游泳馆

　　南京奥体中心游泳馆（图 3-24）整体造型采用海螺形，与实际功能空间相结合，高处作为比赛馆，满足跳台、观众席等空间需求，低处作为热身馆。屋面为空间拱桁架与单层球壳面组合的空间钢结构，在曲面屋盖北侧与地面交接区域设置折线形玻璃幕墙，在南侧设有高侧窗，比赛馆看台后边的高侧窗在正式比赛时可用遮阳帘进行遮挡。其中部分采光口设有电动开启窗，可满足馆内通风换气、消防排烟等要求。比赛馆与热身馆之间用玻璃幕墙分割，既可以采光又可以起到保温隔热的作用。比赛馆西侧跳台的后边设有大面积玻璃幕墙，虽然为比赛厅内提供了大量的天然光，但是在观看跳水比赛时会引起眩光等负面效应。

　　比赛馆平时不对群众开放，只有热身馆对市民开放。在阴天等不好的天气条件下，主要为了满足救生的视看需求，开启部分人工光源。热身馆的日常开放时间为 12：00 ~ 20：30，如果以每天下午 5 小时，开启 40 盏 400W 的人工照明灯具，平均一年使用 360 天为例计算，每年将要耗电约为 28800 度。

3.1.2.3　深圳福田体育中心游泳馆

　　深圳福田体育中心游泳馆（图 3-25）是深圳市民主要的游泳健身场所，采用大跨

图 3-24　南京奥体中心游泳馆比赛厅　　　图 3-25　深圳福田体育中心游泳馆比赛厅

度异形柱结构，在比赛厅南侧和东侧运用大面积玻璃幕墙将天然光引入室内。由于天然光单侧入射，造成比赛厅内照度不均匀，为了救生需要，白天馆内仍需要开启人工照明。该馆的日常开放时间为 14：00 ~ 22：00，如果以每天下午 3 小时，开启 60 盏 400W 的人工照明灯具，平均一年使用 360 天为例计算，每年将要耗电约为 25920 度。

3.1.3　无天然采光体育馆

3.1.3.1　北京大学体育馆

北京大学体育馆（图 3-26）的屋盖是由旋转屋脊与中央覆盖透明玻璃球面天窗组成的桁架壳体结构，其外观神似旋转的乒乓球，被称为"中国脊"。天窗的下方设有电动遮阳帘，在比赛厅的东、西两侧设有小面积高侧窗，但在日常运营时基本都用遮阳布帘遮挡。该馆使用率非常高，除日常本校教职员工和学生、社会大众的体育锻炼以外，还曾举行奥运会乒乓球比赛、CUBA 篮球联赛、业余体育比赛、商业演出等娱乐活动。

在北京奥运会期间，为了乒乓球比赛需要，天然采光口由白色遮光布和彩色装饰布遮挡（在屋面与遮光布的交接处，有少量天然光入射到比赛厅内）。在设计时，遮光布是可以进行手动收放的，但是由于装饰布在奥运会后并没有拆除，遮光布的可动功能无法实现，目前日常馆场比赛厅仍然采用人工光源照明。该馆的日常开放时间为 13：00 ~ 22：00，如果以每天下午 4 小时，开启 16 盏 1000W 的人工照明灯具，平均一年使用 360 天为例计算，每年将要耗电约为 23040 度。

3.1.3.2　北京工业大学体育馆

北京工业大学体育馆（图 3-27）的屋盖采用球网壳结构，在比赛场地上方设有环状玻璃采光天窗，不仅满足场馆光环境的功能需求，还创造了独特的抽象羽毛球的屋面造型。在北京奥运会期间，为了满足羽毛球比赛需要，将屋顶环状采光天窗用遮光板进

图 3-26　北京大学体育馆比赛厅　　图 3-27　北京工业大学体育馆比赛厅

行遮挡，在奥运赛后作为专业羽毛球馆对全校师生和普通市民开放，并没有将遮光板拆除。虽然在遮光板之间的缝隙有少量天然光射入，但蓝色遮光材料改变了天然光的色相。该馆的日常开放时间为 10 ：00 ~ 22 ：00，如果以每天白天 6 小时，开启 50 盏 1000W的人工照明灯具，平均一年使用 360 天为例计算，每年将要耗电约为 108000 度。

3.1.4　我国部分体育馆的照度测算

　　利用照明评价可以检验体育馆比赛场地内的光环境设计是否达到标准规定的各项技术指标，是否满足各项体育运动在不同级别要求下的使用功能要求。体育场馆的照明评价指标一般包括水平照度均匀度、垂直照度、垂直照度均匀度、设备安装后的照度测量值等四个方面[18]。

　　对体育馆照明现状进行评价,首先要做的就是测量比赛场地的水平照度值（见附录Ⅱ），因为我们所计算出的平均照度和照度均匀度的精度取决于照度测量点的数量，测量点数量越多，计算精度越高，而这些测量点要在体育馆整个比赛场地或是场地内部具有代表性的区域形成规则的网格形式。根据《体育场馆照明设计及检测标准》中对多种运动场地的测量网格点和设置方法的规定，选取矩形场地的照度测量网格点间距约为 2m，游泳和跳水场地的照度测量网格点间距约为 2.5m，场地自行车场地的照度测量网格点间距约为 2.5m，测量高度均为距离地面 1m 处。在对游泳、跳水场地进行照度测量时，受到场地现状和技术手段的限制，只对游泳池和跳水池周围的赛场辅助区域进行了选点测量。

　　从图 3-28 至图 3-43 的水平照度分布图与柱状图中可以发现比赛场地内水平照度的变化情况，采用天然光照明的比赛场地要比采用人工光源照明的比赛场地照度均匀性

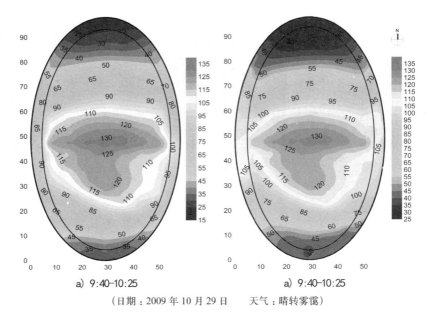

a) 9:40-10:25　　　　　　　　a) 9:40-10:25

（日期：2009 年 10 月 29 日　　天气：晴转雾霭）

图 3-28　老山自行车馆比赛场地水平照度分布图

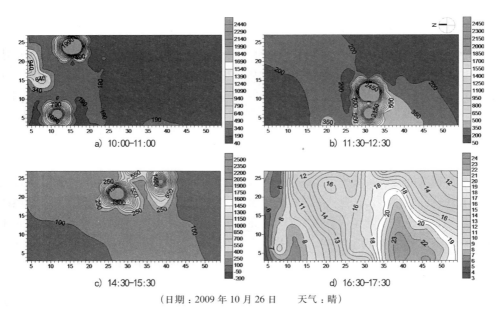

a) 10:00-11:00　　　　　　　　b) 11:30-12:30

c) 14:30-15:30　　　　　　　　d) 16:30-17:30

（日期：2009 年 10 月 26 日　　天气：晴）

图 3-29　中国农业大学体育馆比赛场地水平照度分布图

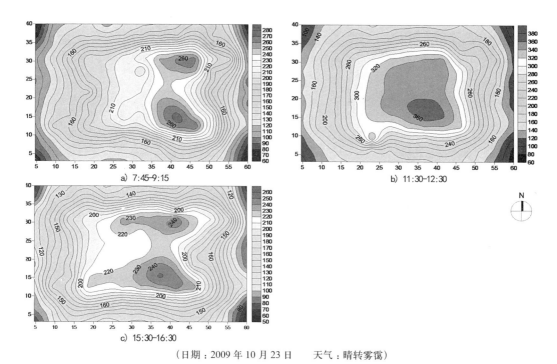

（日期：2009 年 10 月 23 日　　　天气：晴转雾霾）

图 3-30　北京科技大学体育馆比赛场地水平照度分布图

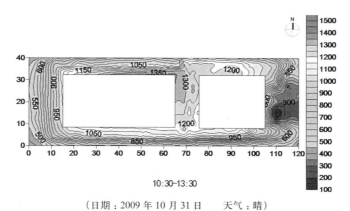

10:30-13:30

（日期：2009 年 10 月 31 日　　　天气：晴）

图 3-31　"水立方"比赛场地水平照度分布图

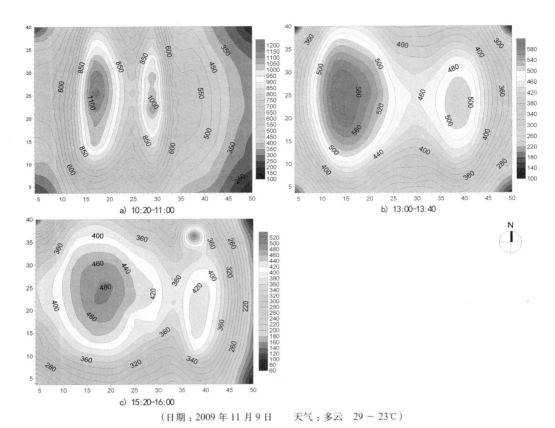

a) 10:20—11:00

b) 13:00—13:40

c) 15:20—16:00

（日期：2009 年 11 月 9 日 天气：多云 29 ～ 23℃）

图 3-32 广州外语外贸大学比赛场地水平照度分布图

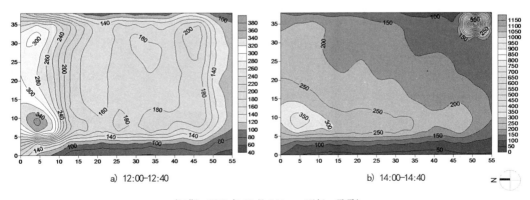

a) 12:00—12:40

b) 14:00—14:40

（日期：2009 年 11 月 7 日 天气：雾霭）

图 3-33 广东药学院体育馆比赛场地水平照度分布图

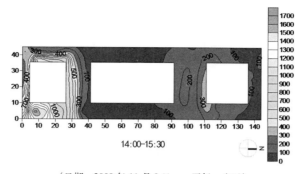

（日期：2009 年 11 月 8 日　　天气：多云）

图 3-34　深圳游泳跳水馆比赛场地水平照度分布图

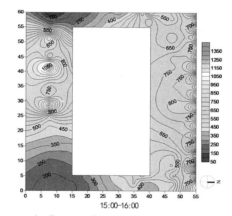

（日期：2010 年 4 月 1 日　　天气：晴）

图 3-35　东北大学游泳馆比赛场地水平照度分布图

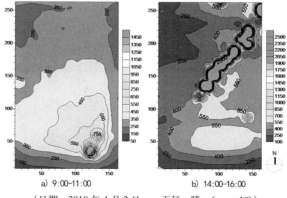

a) 9:00-11:00　　　　　　　　b) 14:00-16:00

（日期：2010 年 4 月 2 日　　天气：晴，6 ~ -4℃）

图 3-36　沈阳奥体中心综合体育馆比赛场地水平照度分布图

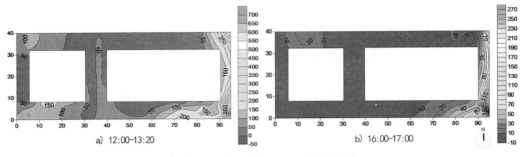

（日期：2009 年 11 月 2 日　　天气：多云）

图 3-37　南京奥体中心游泳馆比赛场地水平照度分布图

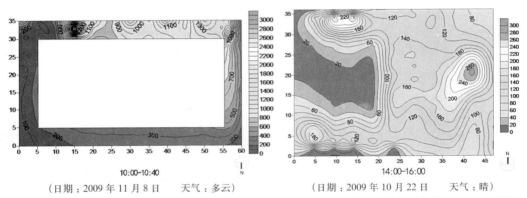

（日期：2009 年 11 月 8 日　　天气：多云）　　（日期：2009 年 10 月 22 日　　天气：晴）

图 3-38　深圳福田体育中心游泳馆比赛场地水平照度分布图　图 3-39　北京大学体育馆比赛场地水平照度分布图

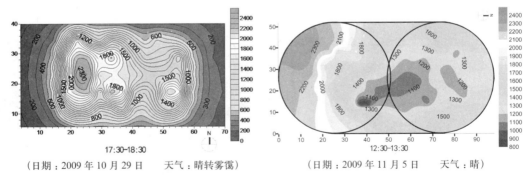

（日期：2009 年 10 月 29 日　　天气：晴转雾霾）　　（日期：2009 年 11 月 5 日　　天气：晴）

图 3-40　北京工业大学体育馆比赛场地水平照度分布图　图 3-41　广州体育馆 1 号馆比赛场地水平照度分布图

更好一些，采用顶向天然采光技术的比赛场地比采用侧面天然采光技术的比赛场地照度均匀性更好一些，而且平均照度也较高。大部分场馆天然采光设计缺乏对控光、滤光技术的应用，局部过量，甚至会出现眩光和光幕反射现象。

需要指出，由于受到测量日的天气状况不可控制性和测量仪器精度的限制以及测量

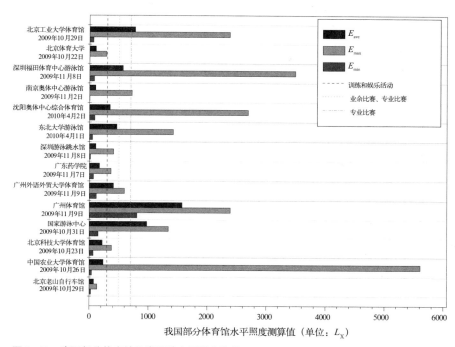

图 3-42　我国部分体育馆比赛场地水平照度比较

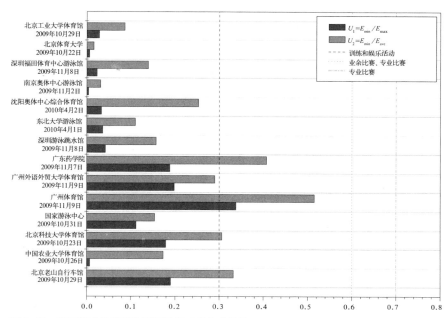

图 3-43　我国部分体育馆比赛场地照度均匀度比较

现场的自然与人为因素的影响，在有限的人力物力条件下，本次体育馆照明现状的调研工作中，重点测量的是比赛场地的水平照度，所获取的照度测量值在一定程度上带有主观的唯一性，而不具有客观的普遍性，只作为本书研究的参考数据辅助评价与分析。对上述体育馆、游泳馆进行照度测量的数据，都是在其日常运行的实际过程中所采集的，并没有根据调研者的主观意图改变场馆的实际光环境现状。因此，所获得的测量数据是对场馆日常运营片段的真实反映，可作为客观评价的有效数据。

3.1.5　光环境现状的主观分析与评价

3.1.5.1　主观分析

技术滞后已经成为体育馆天然光环境设计的现实问题，发展迅速的新技术与新材料并没有在设计中得到充分的展示，国内大部分体育馆的天然采光设计雷同，缺乏新意。各相关技术的运用多停留在造型手段层面，对功能性、技术性和美学性层面的思考十分欠缺。由于我国幅员辽阔，各个地区的气候条件也各不相同，南方地区夏季太阳辐射强度大，对体育馆比赛厅内的热环境影响较大，建筑空调制冷的能耗非常高；而北方地区冬季室内外温差较大，体育馆比赛厅内的空调采暖能耗非常高。

在设置天然采光的体育馆中，场馆的通风问题都没有得到很好的解决。有的体育馆即使在采光口设计中考虑到通风问题加设了开启部分，但是因为片面地追求玻璃幕墙、天窗等采光口的视觉效果以及考虑到建筑立面整体设计风格的统一，大都存在采光口的可开启面积过小，甚至不足采光口面积的 25% 等问题。有的开启扇在实际运营中常年不开启，致使设备长期闲置、老化，甚至失去开启能力，导致比赛厅内空气质量下降和天然光辐射热无法消散，严重影响体育馆比赛厅的自然通风与换气效果。但是，采光面积的增加，同时带来的还有大量的热能，这大大增加了比赛厅内空调机组的热负荷，在无形中增加了电能的消耗。另外需要指出的是，由于在设计天然光环境时只考虑了天然光的获取，而没有将控光、遮光设计纳入进来，致使正午前后天然光直射处照度过高，直接影响其照度均匀度，出现眩光和水面光幕反射。

采光设施的日常维护和除尘工作不及时，甚至有的体育馆从建成之日起，就没有进行过采光设施的维护和除尘，使比赛厅的实际天然光环境质量远远低于设计要求。由于采光口设计不当，或是施工工艺技术问题，对其开启部分更加缺乏精细设计，大部分的可动设施不易控制开启或是无法正常关闭，其中，自动调节设备系统与体育馆的全寿命周期不匹配，可控性能过早地降低或是失效，致使其使用率逐年下降。由于不同材料的变形系数不同，几乎所有的体育馆采光天窗与屋面结构的连接部分都出现过漏雨、灰尘进入等隐患问题，因此在不同材料的结合部位要留有适当的伸缩缝。

近年来，一部分体育馆为了追求建筑立面美观、体块层次感强、室内通透明亮，它的窗墙面积比值越来越大，对玻璃的热工性能不加以提高，缺少控光、滤光设施，导致比赛厅内天然光辐射热过高，出现眩光、局部过热、局部过亮等负面效应。为了寻回体育馆的良好微气候与生态环境，就要花费大量能源来维持夏季空调制冷负荷与冬季采暖负荷。在对体育馆的热环境进行分析时发现采光口的热工性能对夏季空调制冷、冬季采暖的能耗损失有很大的影响。

多数场馆作为企业单位，它的运营都采取独立核算、自负盈亏的运营模式。为了企业的长远发展规划，要考虑场馆的长期运营，对场馆进行统一管理。有的场馆享受政府财政补贴，归属于各级体育部门进行管理，如果场馆的运营不能自负盈亏的话，它将成为政府或是上级主管部门难以摆脱的"包袱"。很多场馆的业主反映，在实际运营中发现很多设计不完善或是与实际运营需求不相符的问题，在设计阶段，设计师所设想的运营计划与实际有差距，并不能反映客户的实际需求，没有更多地采纳使用者和业主的要求与建议。

一些体育馆在举行过一两次大型比赛后，很难承办到相同级别的赛事，运营收入需要依靠向群众开放、举行一些文化娱乐活动来提高，除去场馆的建设投资和折旧费用以外，达到收支平衡也是非常困难的。在运营中，场馆的维护费用是一笔很大的开销，有的体育馆在日常运营时，即使最大限度地减少照明用电费用，不开启空气调节设备，仍然面临着庞大的运营支出费用的压力。大部分体育馆的运营与设备运行是独立工作的，相互之间缺少沟通，在管理上存在脱节现象。由于自身运营体制的特点，场馆工作人员较多，员工工资支出较大也是其中一个重要因素，例如某体育馆平均一天的毛收入是3000 元，而它每天所要支付的员工工资就要有 5000 元，如果没有上级主管部门的财政支持，场馆采取独立核算、自负盈亏，那么"以商养体，良性循环"[51]的运营模式是无法实现的。这种严重的收支不平衡，势必造成场馆运营负收益率的不断增加。

总体来说，我国体育馆的综合使用率都明显偏低，据统计，它的平均综合使用率只有 30%，与西方国家体育场馆 70% 的综合使用率相距甚远[52]。一些重要体育馆，为了减少运营和维护费用的收支不平衡，比赛场地常年不对社会大众开放，一年中只能承接数量有限的正规比赛和大型演出活动。我国体育场馆数量的不足和较低的综合利用率，都远远不能满足全民健身的体育需求。

3.1.5.2　主观评价

对我国部分体育馆光环境现状的调研与分析，为我们全面、深入地收集整理体育馆天然光环境设计的背景资料提供了一种更为简捷的方式，使建筑师在设计准备阶段获得了宝贵的"第一手资料"，分析现有案例的不足之处，为下一步的价值分析提供有力的技术支持。可归纳为以下几方面：

（1）天然光环境设计方案"先天不足"

大多数的体育馆光环境方案都存在不同程度的设计不合理现象，例如大面积高透光率的玻璃幕墙带来的光污染与热负荷，采光口位置不当、缺乏与控光、滤光设施的综合利用等问题。这些设计缺陷带来一系列的节能隐患，在建成投入运营后，由于投资与施工技术问题，很难再对其进行改造、调整或是替换，更无法达到场馆的全寿命周期内的节能减排目标。为了防止出现刚建成就对其进行节能改造的现象，在设计方案阶段要严格遵守国家各项建筑节能政策标准体系的要求，了解客户的功能需求，尽量减少和避免出现设计缺陷而导致体育馆光环境能耗的增加。

（2）工程实施质量不高

现代体育馆天然光环境设计的高技术，要求具有较高的工程施工技术与之相配合。有些传统的施工工艺无法满足设计方案的需要，或是需要相对较多的材料和劳动力才可完成。还有一些施工人员的工作技能与素质较低，在施工过程中造成安装质量低下（例如采光天窗的雨水渗漏问题），致使比赛厅内光环境在实际运营中无法达到设计标准，造成能源消耗过高。

（3）运营维护措施不完善

在体育馆的日常运营过程中，由于运营管理人员的文化素质、责任心的偏差，各部门之间缺少统一的管理与协作，造成采光照明系统的调节与控制不当，或是无法发挥智能控制设备的高效性能。有些体育馆为了减少场馆的维护成本，经常不能及时完成甚至是取消对采光设施的维修与除尘工作，致使体育馆天然光环境的实际工作质量严重降低，人工照明的电能消耗大幅攀升。几乎所有的体育馆运营管理人员都没有坚持对场馆的运营能耗数据进行系统的收集和整理，没有完整的数据记录，无法对场馆的实际运营状态进行有针对性的分析与评价。为了做到在全寿命周期内提高体育馆天然光环境价值，降低能源消耗，需要运营管理人员不断提高自身工作素养和运营维护水平，确保采光照明设施的高效运转。

（4）体育馆客户价值与节能意识淡薄

很多体育馆的客户群都认为节能问题是设计人员应该去考虑的，在管理、运行和使用的过程中，没有将自身作为节能工作的参与者，价值意识就更加淡薄，缺少对全寿命周期价值的了解和分析。体育馆天然光环境价值的提高，不能仅仅依靠设计人员的设计方案来完成，需要体育馆的业主（或是上级主管领导等决策者）、使用者、运营方等各方利益相关者统一认识，提高他们的价值与节能意识，做到在前期策划、规划设计、施工建造、运营维护和节能改造等各个阶段严格管理，实现全方位、多层次的体育馆天然光环境经济效益与节能效益。

3.2　体育馆天然光环境设计的技术难题

在开始进行体育馆天然光环境设计之前，在价值工程作业实施程序的信息阶段，建筑师需要清楚地理解与充分地掌握体育馆天然光环境设计的技术难题，它是体育馆天然光环境价值的衡量标准。这些技术难题有助于建筑师更加深入地掌握项目的性能情况，确定性能属性和性能需求，以建立可替代方案比较所需的性能评价指标体系。

3.2.1　体育馆天然光环境设计的技术要求

在进行体育馆天然光环境设计时，必然会受到国内外的相关法令，国际、国家规范规定的限制，这些是我们不可回避的。只有全面、深入地理解这些限制条件，以此指导设计方案的创造、优选与实施，才能保证体育馆天然光环境设计的价值工程分析的有效性。体育馆属于特殊的大型公共建筑，也是大型体育设施中功能要求最复杂、技术要求相对较高的建筑，其内部的光环境质量有着非常严格的技术标准。体育馆比赛厅的光视觉环境研究，涉及物理学、生理学及造型艺术学等诸多学科。

3.2.1.1　体育馆采光照明的技术指标

体育馆比赛厅天然采光的照度标准是衡量照度优劣程度、天然光环境设计的技术性指标[23]。体育馆采光照明需要满足比赛厅内所举行的各项体育运动的技术需求，由于受到运动空间、运动方向、运动范围、运动速度等因素的影响，不同的运动项目的采光照明技术指标也有所区别。技术指标的制定主要与运动对象的大小、运动速度的快慢、动作幅度的大小等因素有关。运动对象越小、速度越快、动作幅度越小的体育项目，它的照度要求越高。相反，运动对象越大、速度越慢、动作幅度较大的项目对照度的要求越低。不同级别的体育比赛，参与其中的运动员水平也不尽相同，比赛级别和运动员水平越高，其所达到的采光照明标准和指标越高。

我国颁布执行的《体育场馆照明设计及检测标准》（JGJ153-2007）、国际照明委员会（CIE）、国际体育联合会（GAISF）以及奥运委员会，都较为详细地给出了各类体育运动项目的照明标准值，见附录Ⅰ。从这些不同级别单位给出的照明标准中，可以总结出各项体育运动场地能够被认可的最低照度标准。由表3-2可以知道，为满足国家规范要求，训练和娱乐活动的最低水平照度值为300lx，业余比赛的最低水平照度值为500lx，专业比赛的最低水平照度值为750lx。通过天然光环境设计优化来达到这些照度要求，是完全可以实现的。这些体育馆比赛厅天然光环境设计的照度指标还要根据比赛厅规模大小、观众席最远视距决定，观众的最远视距越大，所需照度越高。一般来说，坐席区最远端的观众能看清比赛，运动员的体育活动也就不会有视觉上的困难。

3.2.1.2　彩色电视转播对体育馆的照度要求

随着体育产业经济和彩色电视技术的蓬勃发展，体育馆比赛厅内的光环境除了要满足运动员正常比赛，教练员、竞赛官员和媒体记者等赛事参与者的正常工作和现场观众的观赛需要以外，还需要将高清晰度数字电视（HDTV）转播纳入到体育赛事的技术范畴，

我国各项体育运动场地的最低水平照度标准值　　　　　　表 3-2

运动类型	水平照度（lx）						
	I	II	III	IV	V	VI	—
	训练和娱乐活动	业余比赛专业训练	专业比赛	TV 转播国家、国际比赛	TV 转播重大国际比赛	HDTV 转播重大国际比赛	TV 应急
篮球、排球	300	500	750	—	—	—	—
手球、室内足球	300	500	750	—	—	—	—
羽毛球	300	750/500	1000/750	—	—	—	—
乒乓球	300	500	1000	—	—	—	—
体操、艺术体操、技巧、蹦床	300	500	750	—	—	—	—
拳击	500	1000	2000	—	—	—	—
柔道、摔跤、跆拳道、武术	300	500	1000	—	—	—	—
举重	300	500	750	—	—	—	—
击剑	300	500	750	—	—	—	—
游泳、跳水、水球、花样游泳	200	300	500	—	—	—	—
冰球、花样滑冰、冰上舞蹈、短道速滑	300	500	1000	—	—	—	—
速度滑冰	300	500	750	—	—	—	—
场地自行车	200	500	750	—	—	—	—
射击	200	200	300	500	500	500	—
网球	300	500/300	750/500	—	—	—	—

注：表格同一格有两个值时，"/"前为主赛区 PA 值，"/"后为总赛区 TA 值。

将广大电视观众的观赛感受置于现场观众的观赛感受之上，作为体育馆天然光环境设计主要技术指标之一。

要想评价体育馆的彩色电视转播、电影或是胶片摄影的质量，垂直照度和垂直照度均匀度是必不可少的评价指标。国际体育联合会（GAISF）制定了《多功能室内体育场馆人工照明指南》，并将 HDTV 转播所需的光环境（赛场在主摄像机方向的垂直照度应在 2000lx 以上）正式纳入其中（附录表 −22 ~ 附录表 −34）[18]。在根据奥运会要求所制定的各体育运动项目照明标准中，也对影响彩色电视转播质量的照度均匀度和眩光指数进行了界定（附录表 −35 ~ 附录表 −44）。

2005 年，国际照明委员会新颁布的 CIE169 技术文件 "Practical design guidelines for the lighting of sport events for color television and filming"，是对需要满足彩色电视转播和摄影照明的体育设施有关设计与规划使用的一份技术报告，并对具体体育运动项目给出了详细的照明要求（附录表 −16 ~ 附录表 −21）。2007 年 11 月，我国颁布执行的《体育场馆照明设计及检测标准》（JGJ153−2007）首次将 HDTV 转播写入我国行业标准规范（附录表 −1 ~ 附录表 −15）。

为了满足彩色电视转播摄影的技术要求，比赛场地的水平照度、垂直照度及摄像机全景画面时的亮度必须保持变化的一致性。比赛场地每个计算点四个方向上的最小垂直和最大垂直照度之比不应小于 0.3，HDTV 转播重大国际比赛时，该比值不应小于 0.6。观众席座位面的平均水平照度值不宜小于 100lx，主席台面的平均水平照度值不宜小于 200lx。有电视转播时，观众席前排的垂直照度值不宜小于场地垂直照度值的 25%，同时保证运动比赛场面和背景之间有足够的对比。在实际应用中，不能绝对地依照这些指标进行设计，还要取决于当地的环境和条件以及所用摄像机的技术性能。

除了上述体育馆采光照明的技术指标和彩色电视转播对体育馆的照度要求等相关法令和标准之外，在设计时还要考虑具体项目所处的地域文化风俗习惯，采光口与体育馆支撑结构、围护结构、整体造型、细部设备等方面的协调关系以及 3.1.1 中所论述的客户对体育馆天然光环境的功能需求，这些不宜随意变更的因素都是建筑师在进行体育馆天然光环境设计时所要满足的限制条件。

3.2.2　体育馆天然采光的负面效应

在目前国内多数已建成的体育馆比赛厅中，建筑师大都舍弃了光效好、无污染的天然光，而选用了耗能巨大的人工光源来满足日间光环境的需求。这是由于天然光本身具有不稳定性、不均匀性、直射光过于强烈易造成眩光等特性，这些特性成为了要求苛刻的体育馆建筑光环境中使用天然采光难以逾越的障碍。

3.2.2.1　眩光

由于直射阳光的强度非常高，超过了人的视线所能接受的范围，所以我们在晴天时根本无法去直视太阳，人们用镜片反射阳光来晃我们的眼睛时，我们也会马上把视线移开。实验证明，如果人的眼睛长时间地处于眩光环境中，那么人的视觉会受到严重的损伤，会造成流泪、眼花、视力减退直至失明，人的健康因此会受到相应的损害。在体育馆比赛厅天然采光设计中，如果不注意对眩光的遮挡，人的注意力会被扰乱分散，天然采光的空间质量也会大大降低。眩光对人的视觉和心理都有很大的负面影响，在天然光环境设计中应努力避免。

1987年,国际照明委员会（CIE）颁布的"国际照明辞典"中对眩光作了如下定义:"眩光是一种视觉条件。这种条件的形式是由于亮度分布不适当，或亮度变化的幅度太大，或在空间、时间上存在着极端的对比，以致引起不舒适或降低观察重要物体的能力，或同时产生这两种现象。"按眩光产生的来源和过程可分为直接眩光、间接眩光、反射眩光、光幕反射等。按眩光的产生后果又可分为不舒适眩光①、光适应型眩光②、失能眩光③（表3-3）。

不舒适眩光与失能眩光的对比[18]　　　　　　　　　　　　　　　　　表3-3

不舒适眩光	失能眩光
可以观看物体的细部	看不清楚物体
眼睛不舒服	视觉上不一定不舒适
进入眼睛的光量较小	进入眼睛的光量较大
眼镜长时间感受高的光源亮度	眼睛不一定感受高的光源亮度
持续时间长	持续时间短

对于彩色电视转播机构和平面媒体来说，关注的是体育馆比赛厅内的眩光对摄像机和摄影器材的影响。当有干扰亮度的光线进入运动员和观众的视野里，会影响他们的视觉舒适效果，实质上是不舒适眩光。对于造成运动员或观众视觉损害的眩光——失能眩光，一般在体育馆比赛厅中不应发生[53]。不舒适眩光将影响观众观看的效果，影响运动员技能的发挥，甚至会中断比赛的正常进行。因此，比赛场地和观众席区内的眩光点是照明设计需特别考核的因素。

眩光控制直接关系到运动员和观众的视觉能力和视觉舒适性，它的超标会妨碍运动员的比赛和观众的观看，甚至会伤害观众和运动员的视觉；眩光也同样会对电视摄像和转播的质量产生不良的影响。控制好体育馆比赛厅的眩光，是建设一流体育馆光环境的一个重要课题。

---

①　不舒适眩光是指在某些太亮的环境下，由于超出视觉适应能力而感觉到的不适。这种不舒服的情况会引起眼的一种逃避动作而使视力下降。

②　光适应型眩光是指由于人眼对环境亮度的变化需要一定时间去适应，而过于快速的明暗变化导致人眼无法及时适应而造成不适感。

③　失能眩光是指由于周边凌乱的眩光源引起人眼视网膜像对比度下降从而导致大脑对象的解析困难，甚至无法识别的一种现象。失能眩光是眩光中危害最大的一个类型。

　　鉴于体育比赛中运动员和观众活动范围大，随机性强，完全消除眩光干扰是不现实的。降低眩光需要把体育馆的建筑设计和结构设计结合在采光设计中进行统筹考虑。对于特定的比赛项目（如跳水、花样游泳等）来说，运动员位置及视看角度是变换不定的，控制眩光应从分析运动项目的规律入手，确认对该项目影响最大的眩光位置和角度，据此来选择适宜的采光方式和位置，控制天然光的入射角度，这样可以避免那种笼统地考虑单一位置的眩光控制却在具体使用时却对眩光控制并无实际意义的做法[54]。

3.2.2.2　光幕反射

　　光源映射到视觉目标的表面，在光源的亮度较低，物体表面又有光泽的情况下，使视觉目标表面的亮度、色彩发生变化导致观看困难，这种情况不能称之为眩光而称为光幕反射[4]。光幕反射是目前普遍忽视的一种眩光，它是在本来呈现漫反射的表面上又附加了镜面反射，以至于眼睛无论如何都看不清物体的细节或整个部分。当眩光现象由于减少（或完全消除）了目标和背景的亮度对比而妨碍正常观察时，这种"光幕亮度"就是一种眩光。

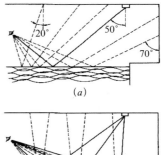

　　游泳馆的游泳池和跳水池表面正是最易发生镜面反射的视觉目标，因此，防止水面上的光幕反射成为游泳馆比赛厅内天然采光设计的重点与难点。水面上的光幕反射根据光学特征可以分为水面反射光和水面透射光两种类型（图 3-44、图 3-45）[19]。游泳池底的亮度主要由进入水中的总光通量决定，因此影响池底的亮度取决于比赛厅的大小、采光口的分布、天然光的进光量、墙和顶棚的反射率等因素。水面的平均亮度除取决于总的光通量外，还取决于观看者的位置，例如游泳池边的服务员或救生员要确保游泳者的安全，天然采光应采取最佳的视看条件，因此，水面的平均亮度不应比游泳池底的亮度高得太多。

图 3-44　光经墙、顶棚、水面反射的反射率

(a) 静止水面；(b) 波动水面[19]

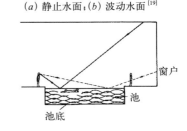

　　从上面的分析可知，大角度的入射光可得到较大的反射光和较小的透射光。侧面采光，水中观看的条件较差，所以大面积玻璃的侧窗和天窗如果不加遮挡会产生高亮度值，影响到观众的观看。因此，比赛厅的天然采光应确保没有视觉干扰，控制水面上来自天然光和人工光的反射光和保证其有良好的进入水中的

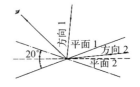

图 3-45　水面折射[19]

透射性能，保证观看比赛的最佳效果。

3.2.2.3 局部过热

我们知道，太阳在产生天然光的同时，也蕴涵着巨大的热能。在晴天时，当太阳光无遮挡地较长时间照射到某一物体上时，会使该物体的温度有较大幅度的升高。建筑物的东、西两面外墙在夏季比南面承受更多热负荷，而最大热负荷出现在春、秋两季建筑物的东南面外墙和西南面外墙[11]。

在夏季，体育馆的屋盖结构要比外墙承受更多的热负荷，而对于由大面积屋盖结构围合、自然通风效果较差的比赛厅来说，热负荷的增加是非常显著的。在体育馆比赛厅天然采光设计中，如果忽略了对直射阳光的遮挡，使直射阳光自由透射入室内，会导致比赛厅空间温度的升高和地砖、墙壁等部件的大量储热，给比赛厅内空调制冷带来巨大的负荷，从而使体育馆耗费更多的能源。另外，一些设置了遮光设施的体育馆，虽然天然光被部分遮挡，但是这些天然光所蕴涵的热辐射却已经被遮光设施或是采光构造所吸收，造成了采光口周围区域局部过热的现象，也会带来体育馆比赛厅制冷负荷的增加。

3.2.2.4 局部过亮

在晴朗的气象条件下，直射天然光的照明强度可以达到100000lx，是我国规定的体育馆比赛场地专业比赛照明标准值750lx的133倍。这种高强度的直射光照明是使用者无法忍受的。当直射阳光照射到比赛厅地砖、壁砖或游泳池水面时，其表面上所形成的亮度往往会超出人视觉的舒适范围。如果建筑师在体育馆比赛厅天然采光设计之中忽略了对直射光的适当处理，那么，在比赛空间的局部就会产生亮度过高的现象。对于比赛功能为主的空间来说，局部过亮的现象会直接导致空间利用率的降低。

3.2.2.5 动态不稳定

太阳光作为一种动态的可移动光源，它的空间位置、入射角度、照明强度、均匀度、色温都会随着所处地域的不同、季节的不同、一天中具体时间的不同、空中云量多寡与状态以及天气条件的变化，而引起天然光照明效果的实时改变。比赛厅内光环境的动态变化，会影响使用者运动水平的发挥。实时的气象数据是影响比赛厅天然光环境动态变化的主要因素。在应用天然采光照明方式的体育馆中，日间实际的光环境质量很难进行准确的量化，而什么时间、什么位置会出现眩光、光幕反射、局部过热和局部过量等负面效应以及它们的强度大小，也是无法进行准确预测的。这种天然光的动态不稳定性和天气条件的不可预测性，为体育馆天然光环境设计乃至现状调研带来了较大的难度与挑战。为了不断提升体育馆天然光环境价值，需要在进行天然采光设计时根据具体情况作具体分析，对出现的变化作出适时、应变的调整，在天然采光设计的各个环节对它们加以充分研究。

从以上的分析可以看出，眩光、光幕反射、局部过热、局部过量、动态不稳定等现象是体育馆比赛厅天然采光的负面效应，而这些负面效应都是由于对直射天然光缺少控光、滤光处理，使天然光直接射入比赛厅内所引起的。如果设计师在体育馆天然光环境设计中充分对这些负面效予以注意，对直射天然光进行适当的遮挡处理，这些负面效应就可以大大降低。

3.3　体育馆天然光环境设计的技术信息收集

进入 21 世纪以来，从传统的工业经济时代跨入到知识经济时代，人类正经历着前所未有的高速发展，知识的创造、传播和应用已经成为社会经济发展的主要推动力。全世界的科学技术发展步伐正在不断加快，其中以计算机和通信技术的发展最为迅猛，掀起了世界范围的信息化浪潮。基于知识的创新决定了体育馆天然光环境设计的一切，而我们在设计体育馆天然光环境时所使用的方法与技术远远落后于科学发展的前沿技术。

在技术层面上，设计资源是形成体育馆天然光环境功能的物质基础。为了获得最大的价值回报，技术资源的获取与设计项目本身是同样重要的。为了使建筑师更好地完成应尽的职责与义务，面对越来越复杂的建筑设计技术，我们需要掌握与体育馆天然光环境设计相关的各方面技术信息，了解体育馆天然光环境设计目前所采用的技术、材料及工艺与国内外同类建筑相比是否具有竞争力，它又应用了哪些新材料、新技术、新工艺。本书研究的体育馆天然光环境是以直接获取天然光为目的的照明环境，太阳能光伏发电系统等太阳能光电转换技术不在本书的研究范畴之内。

3.3.1　天然采光技术

体育馆内的主要功能空间是比赛馆大厅，是需要重点进行天然采光设计的部位。比赛厅作为体育馆建筑相对独立的主体空间，具有空间大、跨度大、体积大的特点，一般在顶向和侧面都可以设置采光口。因此,它的主要采光方式可以分为三种:侧面天然采光、顶向天然采光和顶向侧面综合天然采光。

3.3.1.1　侧面天然采光（侧窗采光）

由室内侧面竖向采光口入射的光称为侧面光，采入侧面光的方式叫侧面采光。这是较常见的形式，主要是随着体育馆结构不再依赖于墙体而实现的。从视觉上来看，明亮的侧墙强化了顶面的轻盈感，并使室内室外连为一体。对于空间设计而言，侧窗采光更有助于水平视野中自然景观的引入。侧窗采光的空间富有通透感和流动感，比赛厅空间更为开敞。

根据采光构件——窗——所处位置的不同可将侧窗可分为以下三类：

（1）低侧窗

由于位置较低，一般在人的视平线以下，故低侧窗采光不能满足使用者的观景需求，但利用地面反光等为室内空间提供的亮度是较为均匀的。低侧窗可提供同外界的视觉联系，但绝不是使光线进入比赛厅中的最有利位置，因此多半成为比赛厅内的高反射亮度源。

（2）高侧窗

位置较高，一般在人的视线以上。高侧窗使侧面所接受到的直射光最大限度地照射入室内深处，而近窗处的亮度有所减弱，在晴天时，直射阳光会引起眩光现象，在阴天时，高窗透射进来的天空漫射光可以被直接利用（图3-46）。

（3）中侧窗

中侧窗的采光效果介于低侧窗与高侧窗之间，虽不能像低侧窗那样充分利用地面反射光来均匀照亮室内，也不能像高侧窗那样直接利用漫射光（阴天时）来满足远窗处的采光需要，但是如果能借助反光设施来优化采光效果，中侧窗无疑将是侧窗采光的最佳选择，最主要的原因就是中侧窗能提供最佳的视野和相对良好的采光。它提供了最佳景观，较少的不适眩光也可以产生反射到顶棚的光源，但是窗的亮度有可能干扰电视转播等其他使用要求。埃罗·沙里宁设计的艾尔大学曲棍球场（1959年建成）（图3-47），在比赛厅的长端结合出入口开设了中侧窗[55]。

根据窗的大小不同可以将其分为洞窗、带形窗和玻璃幕墙。

（1）洞窗

这种侧窗的直射光照射的面积有限，采光量相对较小。窗间墙部分容易形成较暗的区域，特别是窗的面积与墙的面积相差较大时，窗与墙的亮度对比大，会造成视觉的不

图3-46　南京奥体中心游泳馆低侧窗与高侧窗

图3-47　艾尔大学曲棍球场中侧窗[55]

图 3-48 沈阳奥体中心综合体育馆带形窗　　图 3-49 慕尼黑奥运会游泳馆玻璃幕墙[56]

舒适。为了取得较好的明视照明效果，应该适当增加窗的高度或减小窗间墙的距离。

（2）带形窗

带形窗近窗处的阴影区消失了，光线的深度仍与窗的高度有关。这种窗的采光量比较大，但保温隔热效果较差。沈阳奥体中心综合体育馆在比赛厅的东、西、北三侧设计为横向贯通的带形窗，以此弥补比赛厅天然光的不足（图 3-48）。

（3）玻璃幕墙

玻璃幕墙在很长一段时间内成为了建筑时尚的标志，但也给环境带来了严重的"光污染"。建筑的整个外墙都是采光窗，室内空间显得明亮宽敞，但也容易形成眩光和过多的室内直射光，在设计中要特别注意合理的遮阳措施（图 3-49）。

根据侧窗的倾斜角度不同可以分为内斜侧窗和外斜侧窗。

（1）内斜侧窗

把窗台拉进室内的倾斜侧窗，可以称为内斜侧窗，内斜侧窗能接受到更多的地面反射光线，光线比外斜侧窗柔和、稳定。当自然采光的光源中地面反射光占重要位置时，内斜侧窗是比较好的选择，例如沈阳奥体中心综合体育馆南向的玻璃幕墙（图 3-50）。

（2）外斜侧窗

把窗台向室外方向推出的倾斜侧窗可以称为外斜侧窗。与普遍侧窗相比，外斜侧窗可以接受更多的天空漫射光，适用于以天然光为主要光源，且变化不大，比较柔和的地方，如阴天较多的地区或建筑的北立面[8]（图 3-51）。

根据窗所占方位的数量不同可以将其分为单侧窗、双侧窗和多侧窗。

（1）单侧窗

仅在建筑物一个侧墙面上设置的窗户称为单侧窗（图 3-25）。

（2）双侧窗

在建筑物两个相对的侧墙面上设置的窗户称为双侧窗（图 3-52）。

图 3-50　沈阳奥体中心综合体育馆内倾斜玻璃幕墙　图 3-51　南京奥体中心游泳馆外倾斜窗

（3）多侧窗

在建筑物两个以上不同方位的侧墙面上设置的窗户称为多侧窗（图 3-53）。

3.3.1.2　顶向天然采光（天窗采光）

由于顶向采光的采光效率高，现代体育建筑常考虑顶向天然采光，但往往借助北向天窗以避免阳光直射或借助屋顶结构，如可开闭屋盖结构或窗肋，使光线受人工控制或经过多次折射和漫反射后进入室内，光线因此变得柔和。顶向天然采光形式按照布置方式可以分为三类。

（1）水平或近似水平的天窗

它不受太阳方位角的影响，其天然采光性能取决于太阳高度角，例如 1976 年蒙特利尔奥运会赛车场，为了平面整体布局考虑，将天窗与屋面融为一体（图 3-54）。

（2）垂直天窗

顶向天然采光采用垂直天窗形式，可进一步细分为高侧窗、光斗等类型。日本相模

图 3-52　北京体育学院游泳馆双侧窗　图 3-53　南京奥体中心游泳馆多侧窗

图 3-54　蒙特利尔奥运会赛车场水平天窗 [56]　　　　图 3-55　相模原市立综合体育馆垂直天窗 [57]

原市立综合体育馆内景利用屋面结构的跌落组合形成天窗，与高侧窗近似（图 3-55）。

（3）倾斜天窗

即天窗的安装角度与屋顶倾斜角度完全相同。倾斜天窗比垂直天窗能多容纳 1/3 的光照，能更均匀地把天然光分布于室内，而且倾斜天窗还能扩大视野，解决节能前提下的室内通风问题，例如位于日本神奈川县的太阳之乡体育公园游泳馆，采用倾斜的全玻璃天窗（局部敷有太阳能光电板）覆盖游泳馆上空（图 3-56）。

3.3.1.3　顶向侧面综合天然采光

体育馆的天然采光技术可以分为顶向天然采光和侧面天然采光。顶向天然采光对技术和材料的要求更高，而侧面天然采光则是一种较为普遍和廉价的采光方式。随着现代建筑技术的发展，体育馆天然采光的形式日益灵活而不受限制，侧向和顶向采光互相结合使用。

日本四日市穹顶（1997 年建成）（图 3-57），在空间桁架结构金属屋盖的中心区开

图 3-56　太阳之乡体育公园游泳馆倾斜天窗 [58]　　　图 3-57　四日市穹顶顶、向侧面综合天然采光 [55]

设了大面积膜材采光天窗，在四周观众坐席区后侧用全景玻璃幕墙作为围护结构，使比赛厅内部形态简洁而轮廓分明。大面积采光天窗与玻璃幕墙的运用，可以保证白天场馆在无人工光照明的条件下，仍可以满足正式比赛与训练的功能需求。

采光窗无论在侧面还是在顶部，都是建筑造型的有机组成部分。大空间体育建筑较多地采用侧面采光与顶部采光相结合的方式，但采光窗的安排应同内部空间的需求相呼应。就内部需求来看，仅仅开设采光口并不能有效地控制天然光的照明效果，必须配合适当的遮阳、反光设施避免眩光，为使用者创造宜人的天然光环境。随着体育馆比赛厅空间设计的愈加灵活与大胆，对天然采光的限制条件也越来越少，其采光设计可以充分结合屋顶形式进行各种形式的天然采光。通过采用先进技术，将天然光引入体育馆比赛厅以降低人工照明的使用能耗。目前，我国大部分新建的体育馆比赛厅都采用了这种综合采光方式，但由于光气候特征①的不同，选择采光位置、大小不当和对遮光设施的忽视，使得比赛厅天然光环境在运行中的效果并不理想。

3.3.2   采光口结构技术

随着科学技术进步脚步的不断加快，体育馆等大空间公共建筑结构技术的发展日趋复杂化，结构技术的种类与水平在深度和广度上都有较大提高。体育馆建筑的结构形式主要包括屋盖结构和竖向支撑结构，屋盖结构是体育建筑最主要的构成部分，它对体育馆的外部造型和比赛厅内部空间形态起到了决定性作用。由于体育馆建筑特殊的大空间特性，它的屋盖结构多为空间结构形式，不仅是创造体育馆内外空间造型的关键部分，也是体育馆天然光环境实现的技术保证。引入天然光所设计的采光口多位于屋盖结构部分，这些采光口位置、高度、面积往往受到它所依托的体育馆屋盖结构方案的制约，因此，体育馆屋盖结构技术的处理形式成为了天然采光结构构造技术研究的着眼点，它直接影响着天然采光设计方案的设计与优化。

根据体育馆屋盖结构技术的处理形式不同，可将体育馆天然采光的结构技术划分为以下几大类：

3.3.2.1   顶界面特定构件的敷设

直接在屋盖结构所形成的顶界面上开设采光口，如常见的折板或折拱上的条形采光带、采光罩等。由于不受结构限制，这种采光方式被广泛采用，具体形式可以是点状的、条形的或几何图案，如慕尼黑奥运会排球馆在折板上设置的条形采光窗[59]。

澳大利亚 COX 建筑与规划设计公司设计的深圳游泳跳水馆主馆屋盖结构采用了一

---

① 光气候特征主要指场地所处的纬度、太阳高度角、季节、时辰、天空云的状况、大气透明度和地面反射能力以及光的照射状态是直射光、反射光还是散射光等。

图 3-58　深圳游泳跳水馆构件敷设天窗　　图 3-59　利勒哈默尔冬季奥运会速滑馆采光口结合屋面构件[56]

种新型的大跨度空间结构形式——带斜拉桅杆系统的主次立体桁架结构（图 3-58），根据功能分为北端的跳水区和南端的游泳区，两区之间设置一条横向采光罩。

1994 年第 17 届挪威利勒哈默尔冬季奥运会速滑馆（图 3-59），在拱形屋面结构的主拱下方，利用短跨木拱架组合空隙设置了采光天窗。白天，可以为比赛厅提供充足的天然光环境。

3.3.2.2　结合屋面构件采光

利用屋盖结构层空间开设采光口。这种方式是将采光与屋盖结构构件融为一体，并将天然光的处理同结构的韵律美结合起来[60]，例如慕尼黑奥林匹克公园冰球练习馆（图 3-60）。1976 年第 21 届加拿大蒙特利尔夏季奥运会自行车赛车馆，格构式的屋盖设置梭形采光天窗，比赛厅采光系数可达到 70%（图 3-54）[56]。

3.3.2.3　利用结构组合空隙

通过结构单元的组合，这些屋盖结构单元可以按照高低跨或锯齿形等多样方式排列。由两个或多个结构单元组合而成的屋顶往往在交接处出现或留出缝隙，合理地利用这些缝隙安排采光，会给人以水到渠成之感。1998 年第 18 届日本长野冬季奥运会速滑馆（图 3-61）就是利用结构组成的高差设置垂直采光口，使比赛厅内开敞明亮，环境宜人。

3.3.2.4　结合结构的特殊空间造型

1964 年第 18 届日本东京夏季奥运会国立代代木竞技场（图 3-62），其中游泳馆利用屋脊部分悬索结构的两根主钢索在结构应力作用下形成的顺着屋面张拉方向的梭形采

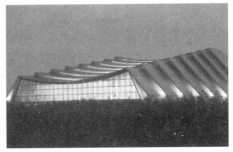

图 3-60　慕尼黑奥林匹克公园冰球练习馆结合屋面构件的天窗[56]

图 3-61　长野冬奥会速滑馆位于结构结合缝隙的天窗[55]

光带，作为天然采光和人工光照明区域，巧妙地解决了天然采光的应用，与当今以高技术为依托的现代体育建筑相比，仍不失新颖、迷人的建筑魅力。

由矶崎新设计的 1992 年第 25 届西班牙巴塞罗那夏季奥运会的圣乔迪体育馆（图3-63），它的屋盖按攀达穹顶结构法将空间网壳结构分成 5 个部分，5 个屋盖单元之间的连接部分设置为采光天窗，保证了比赛厅的采光通风效果。

3.3.2.5　充气结构

充气结构是通过对膜构成的空腔进行充气，形成具有一定几何形状的气垫，再将这

图 3-62　国立代代木竞技场结合特殊结构造型的天窗[58]

图 3-63　圣乔迪体育馆结合特殊结构造型的天窗[56]

图 3-64　熊本穹顶的充气结构屋面[55]

些气垫作为结构构件进行组合。利用充气结构覆盖材料的透光性来完成比赛厅的天然采光是非常成功的，其最大的特点在于阳光透过薄膜材料发出柔和均匀的漫射光，使内部空间通体明亮，人在其中犹若置身于室外般自由开放，顶界面的沉重感不再存在。

例如日本熊本县民综合运动公园室内运动场（Park Dome, 1997）（图 3-64），采用二重空气膜屋顶（涂覆聚四氟乙烯的玻璃纤维布），二重膜内全年充气加压，并采用可以遮阳又能充分利用散射光的具有百叶窗功能的蜂窝式玻璃，设置在屋顶周边，使比赛场白天几乎可以不用人工照明[26]。

3.3.2.6　全透射顶棚

全透射顶棚是在屋面结构大大革新以及一批新型合成材料出现以后产生的一种全新的顶向天然采光处理方式。主要方式是膜结构，采用适光性好的尼龙薄膜，或直接选用聚碳酸酯阳光板作为屋盖板材料（如广州体育馆）。这种做法往往采用有内部肌理的半透明材料，可以产生大面积的漫透射天然光，满足了体育馆比赛空间照度均匀度的要求，且不会造成眩光和对比过大的不舒适眩光。

2001 年 7 月竣工的广州新体育馆（图 3-14），其顶面结构是由若干组特殊的桥架围绕一个卵形平面的巨形屋脊构成的，顶面材料采用乳白色双层聚碳酸酯阳光板（玻璃卡普龙）进行天然采光，并非真正"全"透明，透光率为 10%（它的透光率可以根据建筑师的要求进行控制）。这种做法克服了困扰建筑师很久的一个问题：如何做到结构清晰又不会产生人工光所引发的眩光问题[26]。

3.3.2.7　可开闭屋盖结构

可开闭屋盖结构是现代体育建筑的一种新兴建筑结构形式。由于该结构具有常规体育场馆不可比拟的优点，随着技术水平和经济实力的提高，带有可开闭屋盖的体育建筑已成为现代体育建筑的重要发展趋势之一，越来越多的体育建筑提出了希望建造带有可开合屋盖的要求。

在可动机械和自动控制技术的配合下，可开闭屋盖结构可以对柔性张拉膜结构屋盖

图 3-65 上海五桥游泳馆可开闭屋盖结构　　　图 3-66 蒙特利尔夏季奥运会主体育场可开闭屋盖结构[56]

和刚性钢结构屋盖进行部分或全部的开启和闭合。这种屋盖结构对控制技术要求较高，建设投资和运营维护成本都非常巨大，但随着新技术、新材料的成熟发展，造价将会有所降低，可以被越来越多地应用到体育馆天然光环境设计中去。我国在该领域的研究和应用刚刚开始。2003 年落成，位于重庆市万州区移民新城的上海五桥游泳馆（图 3-65）采用了可开合屋盖技术，是现今我国唯一具有可开合屋盖结构的游泳馆建筑。1976 年第21 届加拿大蒙特利尔夏季奥运会主体育场（图 3-66），在场地上空的中央部分覆盖由桅塔顶部吊下的可收放膜结构屋盖，以保证场地的全天候使用。

这种屋盖结构能够做到对气候变化的应变反应，通过充分利用自然有利的一面，避开自然不利的一面而获得了宜人的使用效果。与常规体育建筑相比，可开合屋盖体育建筑具有三大特征：①复归自然，创造既不受自然界的影响，又能保持自然气息，使人们重归自然怀抱的运动环境。②开合屋盖可以保证诸如奥运会和世界杯开幕式、比赛等大型体育、娱乐活动得以如期举行。③有助于体育建筑综合功能的实现。

可开闭屋盖的体育馆并不是单纯要表现财力，也非单纯表现艺术，而是关于多功能体育馆坚持走可持续发展路线的必然选择，它有助于体育馆综合功能的实现，可以保证大型赛事和娱乐活动如期举行，是实现绿色体育馆建筑的一个重要措施。

3.3.3　光导向技术

3.3.3.1　遮光技术

体育馆内所获得的天然光并不是越多越好，应该从"量"和"质"两个方面来综合评价，所以在天然采光的同时还应该加设适度的遮光系统。在采光口适当的位置安装遮光系统，可以为体育馆客户提供无眩光的比赛厅天然光环境、调节天然光分布、降低进入比赛厅内的太阳辐射热，并对比赛厅内的微气候起到调节作用。

在建筑设计中，遮光系统已经越来越受到关注，根据其所处的位置，可以分为建筑

图 3-67　中国农业大学体育馆遮光帘　　　　　图 3-68　深圳游泳跳水馆单层悬挑

内遮光系统、建筑外遮光系统和建筑自遮光系统三种类型。

　　其中，建筑内遮光系统兼有遮挡视线的考虑，满足了室内私密性和改善室内空间品质的要求，适用于不太炎热的地区和要求低的项目。应用最为广泛的建筑内遮光系统是遮光帘（图 3-67）和百叶窗（图 3-13）。遮光帘的样式很多，有百叶帘、卷帘和垂直式、折叠式、抽拉式遮光帘等，一般低侧窗适于设置人工抽拉式遮光帘、百叶窗。

　　建筑外遮光系统与建筑内遮光系统相比，只有透过的那部分阳光会直接达到窗玻璃外表面，并有部分可能形成制冷负荷。尽管建筑内遮光系统同样可以反射掉部分阳光，但吸收和透过的部分均增加了室内的制冷负荷，只是对热的峰值有所延迟和衰减[61]。建筑外遮光系统作为建筑外部造型的组成部分，它的构造形式很多，有单层悬挑（图 3-68）、双层悬挑（图 3-69）、悬挑百叶（图 3-70）以及其他遮光构件等。同时，这些建筑内、外遮光系统还可以分为水平式、垂直式、综合式和挡板式等形式（图 3-71）。遮光系统根据其可动性，还可以分为不可调节遮光系统和可调节遮光系统。

　　建筑自遮光系统就是利用玻璃本身的构造与特性起到遮光的作用，最常见的是彩釉玻璃遮阳（见 3.3.4.2）。

3.3.3.2　光回复技术

　　光回复技术可以对入射的天然光仅通过一次回复反射而获得较好的漫射光，阻挡夏季入射角较高的天然光和热辐射，并具有理想的透明系数，做到节约制冷负荷和维护成本，以达到视觉舒适度和热舒适度的提高，例如带有回复功能构件的百叶窗、遮光帘和百叶窗式遮光帘，可以同时具有阻挡天然光的入射和有方向性选择地反射天然光的双重功能。德国罗德尔芬根的建筑师阿尔曼（Ackermann）的研发中心安装了含有大型玻璃百叶窗面板的外部光偏转系统，取代了传统的铝制百叶，增加了视觉的通透性（图 3-72）。这些百叶窗的外层涂有半透明反射层，还可以随着太阳运行轨迹的变化进行相应的旋转。

图 3-69 深圳游泳跳水馆双层悬挑

图 3-70 深圳游泳跳水馆悬挑百叶

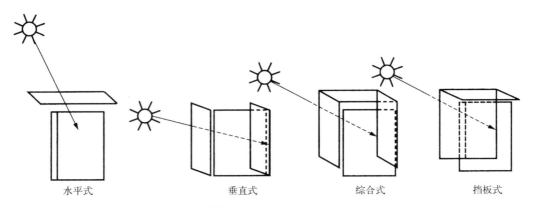

水平式　　　　　　　　垂直式　　　　　　　综合式　　　　　　挡板式

图 3-71 建筑内、外遮光系统的基本形式 [32]

新型回复技术还可以应用在建筑物的顶棚上，顶棚由特殊的可膨胀的金属片组成，根据到建筑物外墙或光源的距离，对应不同角度的独立网状结构。这种光导向顶棚可以做到免维护，对来自不同方向的天然光进行反射，以形成漫反射光的间接照明。

3.3.3.3　日光偏转技术

日光偏转系统是以一种可控的方式使日光直射进入建筑物内部，或将其反射回空中。

图 3-72　建筑师阿尔曼的研发中心的日光偏转系统[11]

它的优点是可以对照射到屋内的太阳光的方向和强度进行选择，从而提高视觉舒适度和热舒适度[11]。它是实现日光传输的主动（追踪系统）、被动或自动调节的控制系统，经常与遮光系统进行合作，可以为室内提供一个更加统一的、舒适的天然光照明环境。

日光偏转系统是一种"集成化的功能型部件"，由透明隔热材料组成，利用平面镜和棱镜的物理原理，在建筑物的屋顶和外墙以回复反射和透射的组合产生作用并兼具有季节性和自动调节性（图 3-73）。它可以根据不同季节天然光入射角的变化进行自动调节，具有防护功能和供给功能，不但可以保证适量的天然光照明，防止比赛厅内的局部过热现象，还可以消除眩光对体育馆正常运营的影响。日光偏转系统可以根据具体设计项目的需要，安装在建筑物侧向围护结构的内外侧、屋顶、双层玻璃幕墙内的空腔以及隔热玻璃的窗格之间等位置。体育馆屋顶的采光口安装光偏转系统，位于南向的可以阻挡夏季的天然光的热负荷，北向的可以分布更加均匀的、弥散的比赛厅照明度，东、西向的可以用来偏转南、北方向的天然光。

柏林众议院大楼顶棚上的玻璃金字塔（图 3-74），南面使用水平的 OKASolar 日光偏转系统，东、西面使用垂直日光偏转系统，而北面则采用了开放、无遮挡设计。东、西面包括多个在隔热玻璃中的窗格之间的反射部分，其优点就是不需保养，减少了玻璃顶棚的制冷负荷[11]。

3.3.3.4　光传导技术

光传导系统是利用光传导器来传输光线。优点是在没有得到天然光照明的情况下，也可以将光线传输至相应区域，并具有安全、维护成本低和所需配件少等优势[11]。美国特洛伊市 Rensselaer 工学院照明研究中心的《照明前景》报导，日本三菱的太阳光采光导入系统"向日葵"用太阳能电池给自己供电且用传感器和软件追踪太阳光，以一个蜂

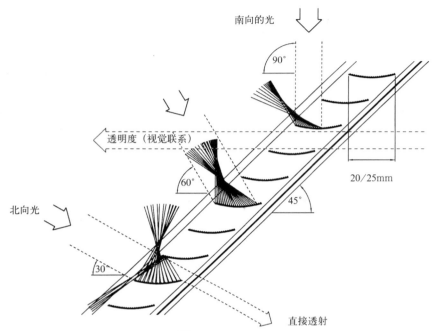

图 3-73　日光偏转系统的功能示意图 [11]

窝式的菲涅耳透镜① （直径 105mm）将天然光聚集于玻璃光纤末端传输到室内空间中 [62]。

　　作为光传导系统的一种，导光管照明系统通过使用安装在屋顶上的光线收集器系统，将光线改变方向传输到没有采光口的室内空间中，或是传输到更远距离的地方。它可以将天然光作为一种"间接光源"，一般可通过金属全反射、部分反射、棱镜折射和全内反射等方式来完成光传导的全过程，"使获取到的光线或从管的末端射出，或穿过管的表面，并可将天然光的损失程度降到最小"[11]。它是建立在光线的方向性变化的基础上的，一般分为采光区、传输区和输出区（图 3-75）。首先，通过采光罩透镜的光线弯折技术，可以折射并导入低角度天然光和过滤夏日正午炽热的阳光，经由高反射率（反射率可达92% ～ 95%）的反射管将天然光传输到最远 15m 以外的地方，再由光学透镜制成的光线漫射器释放出低眩光、高热舒适度和高视觉舒适度的漫射光。

　　导光管照明系统采用密闭式设计，整个系统是密闭式的空气管，具有良好的隔热效果，不仅节约了电能，还可以避免天然光直接照射带来的热负荷，以此降低空调负荷，实现节能环保的目标。由于天然光具有全频谱、无闪烁的特点，可以防止"灯光疲劳综

---

　　① 菲涅耳透镜（Fresnel len），又称螺纹透镜，是由法国物理学家奥古斯丁·简·菲涅耳（Augustin-Jean Fresnel）所发明的一种透镜。此设计原来被应用于灯塔，这个设计可以建造更大孔径的透镜，其特点是焦距短，且比一般的透镜的材料用量更少，重量与体积更小。

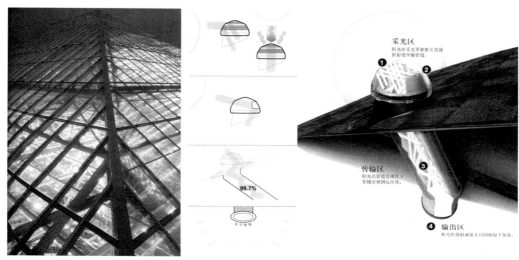

图3-74　柏林众议院大楼玻璃顶棚[11]　**图3-75　导光管原理示意图**

图片来源：北京佰德阳光科技有限公司

合症"，获得高质量的视觉效果和心理感受。采光罩表面的防紫外线涂层，又可起到滤除有害辐射，保护使用者身体健康的作用[49]。

3.3.4　材料技术

在建筑天然采光上，材料的发展同样起到了至关重要的作用。随着科学技术的进步，一些新型的采光材料陆续研制成功。这些新型采光材料的应用收到了很好的效果，这也使传统的采光方式有了新的突破和发展方向。材料技术是天然采光设计发展和创新的必要条件，它可以最大限度地将天然光引入比赛厅，满足体育馆对自然的渴望。材料的自身特性与经济价值，是它在天然采光系统中被采用的决定要素。

天然光通过采光口达到室内，不仅可带来满足视觉工作要求的照度，而且可创造出各种各样的空间效果，包括光的方向性效果、立体感效果和空间的开敞性效果等[63]。这些空间效果的实现，需要掌握比赛厅内表面材料的光学特性、质感与色彩，对透光、遮光、控光、滤光等天然光处理技术进行综合运用。

3.3.4.1　膜材

以漫反射的透光材料（膜材、阳光板）覆盖屋顶，其材质轻薄透光、塑形能力强，可以完成大面积的天然采光，形成良好的室内光环境，同时不会产生直射光带来的眩光，因而在白天通常不需要照明。

膜结构建筑中最常用的膜材料为聚四氟乙烯（PTFE）膜材料和聚偏氟乙烯（PVDF）

膜材料。PTFE 膜材料是指在极细的玻璃纤维编织成的基布上涂覆 PTFE 而形成的复合材料。PVDF 膜材料是指在聚酯纤维编织的基布上涂覆聚氧乙烯（PVC）后，再加 100%PVDF 表面涂层而形成的复合材料。PTFE 膜材的最大特点是强度高，耐久性好，防火难燃，自洁性好，不受紫外线影响，使用寿命在 25 年以上，具有高透光率，透光率可达到 25%，对热能的反射率为 73%，热吸收量很少。PTFE 涂层编织膜布反光率极高的表面为夜间照明提供了优良的间接照明，可在室内产生同白天天然光透射、漫射一样的效果[64]。

伊东丰雄在大馆树海穹顶的设计中模拟棒球的飞行轨迹，采用了蛋形的创新设计（图 3-76）。屋顶覆盖着涂有 PTFE 树脂的双层玻璃薄膜。白天自然光可以透过薄膜，室内在无人工照明的情况下，主要空间的光照强度可以达到 500 ~ 1000lx[65]。整个空间给人一种像风一般的轻盈感，而创造一个流动的场、一个悬浮的空间，正是伊东丰雄在设计美学上的一贯追求。

除此之外，近年来 ETFE 膜成为设计师的新宠，ETFE 是 Ethylene Tetra Fluoro Ethylene（乙烯—四氟乙烯共聚物）的缩写，它是目前国际上最先进的薄膜材料。在欧洲，该项新技术被广泛应用于建筑的屋顶和立面，大量的工程实例和试验数据证明，ETFE 与传统建筑围护结构相比具有多项优势。它重量小，寿命长，抗拉伸，延展性好，装配系统较同等透明装配体系更简单、轻盈，透光性好（可见光透光率高达 94%，可见光反射率不超过 8%），抗紫外线和化学物质侵袭能力强，表面光滑，附着力小，通过雨水的冲刷具有很好的自洁性，属阻燃性材料。其建筑外表晶莹美观，轻质立面装配结构节省建筑成本[50]。

近年来，膜结构在我国体育馆建筑中的应用实例较少。其中，杭州游泳馆部分采用钢结构桁架作为承重骨架，上铺双层空间膜，且空间膜与钢结构桁架有机结合成为一体，是我国首例采用全封闭、双层膜结构的建筑（图 3-77）。第 29 届北京奥运会国家游泳

图 3-76　大馆树海穹顶的膜材全透射顶棚[66]

图 3-77　杭州游泳馆的膜材全透射顶棚

中心——"水立方"则是被世界瞩目的成功案例，它所采用的 ETFE 膜采用了丝网印刷技术，印有"镀点"，根据天然光的动态特性和入射量，考虑到游泳馆不同方位的 ETFE 膜上的印刷点大小而有所不同（图 3-12）。

3.3.4.2　节能玻璃

天然采光的主要材料是玻璃，在进行天然光环境设计的过程中如何处理玻璃是一项极重要的内容，这是由玻璃这一特殊材料的特性所决定的。随着玻璃深加工技术的不断发展，玻璃的性能已大为改进，可以同时满足采光、保温、隔热、隔声、防辐射等多种用途的需要。玻璃的高通透性，良好的耐磨、耐久性能，夹胶处理后不易破碎，能够安全使用等突出的优点，被建筑师们在采光设计中广泛使用。在体育馆比赛厅中大面积设置玻璃幕墙和玻璃采光顶，可减少室内电光源的能耗，明亮的天然光线也更符合健康、自然和环保的理念[67]。但是，在天然光环境设计中进行玻璃的处理时，要充分考虑玻璃幕墙引起的光污染、光干扰和热污染问题，从规划上、设计上考虑解决的措施，而不能盲目追求光的环境艺术。阳光在带来光明的同时也带来了热量，在平均天空条件下，天然光每提供 150lm 的照度，就会带入 1W 的热量。在夏季，人们希望有尽量少的热量进入，而在冬季人们又希望有尽量多的热量进入。新型节能玻璃可根据人们的需要灵活地控制室外光和热的进入，在较少能耗的前提下，为人们提供健康舒适的室内环境。

（1）Low-E 玻璃

Low-E 玻璃（Low Emissivity Coated Glass），又称恒温玻璃，具有通过可见光阻挡远红外线（人体所感受的热即是远红外线）透过玻璃的特性[32]。Low-E 玻璃可以有效地阻挡长波红外线，具有极佳的保温性能，冬季可以维持室内温度，较少向室外散发热量，夏季则可以避免室内温度的升高。

（2）热反射玻璃

热反射玻璃作为一种镀膜玻璃，是在玻璃表面镀上金属、非金属及其氧化物薄膜，使其具有一定的反射效果，能将太阳能反射回大气中，达到阻挡太阳能进入室内，使太阳能不在室内转化为热能的目的[32]。

（3）光触媒技术

由于大气污染的日益严重，作为主要采光口的玻璃窗常常被大量灰尘所附着，不但影响美观，而且严重阻挡了天然光的进入而使室内照度急剧下降。对于体育馆这种大空间公共建筑来说，定期对玻璃窗进行清洗是十分困难的，并带有一定的危险性。光触媒技术在玻璃上的运用可使此种情况大为改观。在玻璃的表面涂敷一层光触媒膜（如氧化钛），在 350～400nm 紫外光的照射下，发生光化学反应，光触媒物质活化后可促使形成污垢的物质分解。这样就能大大减少玻璃表面的污染，从而减缓其表面透光率的降低。

（4）隔热玻璃

隔热玻璃又称中空玻璃，通过在两片玻璃之间形成一定的距离，并加以密闭限制空气或其他气体层（如氩和氪等惰性气体）的流动，从而减少热的对流和传导，具有较好的隔热能力。隔热玻璃中的单片玻璃可以选用热辐射玻璃、低辐射玻璃[1]等不同种类的节能玻璃，使其具有更好的节能效果。

（5）偏光玻璃

在玻璃或两层玻璃间加入光栅，通过光学原理，如光的反射、透射、折射的利用达到节能的效果。它既可以遮挡直射的太阳光，又允许漫射光线进入室内。在 3.4.3.2 中所提到的日光偏转系统可以作为玻璃材料的一种设计元素，安装集成有日光偏转系统的隔热玻璃起到了自动调节功能，使建筑物达到"内部自我平衡"状态（图 3-78）。这种具有韵律的构造作为玻璃幕墙的一部分，"是通过一种没有配备光线导向平面镜的跟踪和调节功能的固定装置来实现的"[11]。

（6）真空玻璃

真空玻璃是在密封的两片玻璃之间形成真空从而使玻璃与玻璃之间的热传导接近于零，同时，真空玻璃的单片一般至少有一片是低辐射玻璃[32]。真空玻璃控制对流传热、辐射传热和传导传热的效果非常理想，但受其生产规模的限制，在我国，应用范围较小。

（7）彩釉玻璃

通过丝网印刷技术在透明玻璃上印制各种不透明的花纹，形成彩釉玻璃。彩釉玻璃对阳光有遮挡作用（图 3-79）。用于幕墙和采光顶的彩釉玻璃，常常采用更粗大的印刷

图 3-78 安装光偏转镜面的隔热玻璃[11]　　图 3-79 广东药学院体育馆彩釉玻璃

---

① 低辐射玻璃是通过在玻璃表面涂覆低辐射涂层，使表面的辐射率低于普通玻璃从而减少热量的损失，来达到降低采暖费用实现节能的目的。

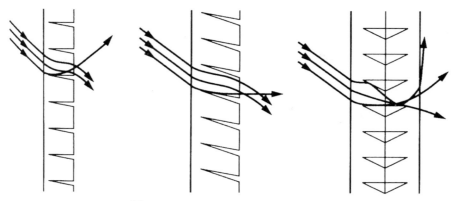

图 3-80　棱镜玻璃示意图[14]

花纹，例如宽度达 100mm 以上的条纹。

3.3.4.3　棱镜类阳光产品

日光偏转系统的基本物理原理就是应用棱镜类产品。棱镜类阳光产品，顾名思义，是指利用棱镜的折光性能的折光、导光或者遮光产品（图 3-80）。天然直射光棱镜折光板比起普通玻璃、镀膜玻璃，对于特定入射角度的光线有很好的遮阳作用，而比起阳光板、膜材，有更大的透光率，而且能够根据入射光线的不同方向来选择性地透光，同时不影响其他方向散射光的进入，具有很好的光学性能，比变色透光玻璃造价低，而且能更好的透过光谱。

3.3.5　智能控制技术

3.3.5.1　自动调节控制技术

对于体育馆的业主、使用者和运营方来说，获得优质的天然光环境需要有相关措施的安全保障。与普通公共建筑相比，体育馆的天然光照明系统相对复杂、庞大。在体育馆天然光环境设计所必备的天然采光系统和光导向系统中，既有静态系统又有可调节系统。对于那些可调节系统，如果单单依靠人工手动完成对系统的操控，在人力、安全性和可操作性方面都无法得到保障。因此，为了保证可调节采光系统（如可开闭屋盖结构）与光导向系统在体育馆全寿命周期内的正常运转，这些系统的重要支撑技术，自动调节控制系统的可操作性、安全性、可靠性就显得尤为重要。

自动调节控制系统是通过智能追踪系统，"在入射光线角度较低的冬季，应用太阳能辐射线的入射角度作为一个自动调节设备，以提供'加热'的效果；或是在入射光线角度较高的夏季，为实现'被动制冷'将其作为防护措施"[11]。这种自动调节控制系统是依据天然光入射角度所进行的自动的、光热能控制以及光学原理上的天然光调节，来

图 3-81　莫比莫高层大厦的百叶窗[11]

改变不同天气状况与光照条件等方面对体育馆天然光环境的影响。

　　目前，应用较为成熟的智能化技术有综合性智能采光控制技术、外遮阳自动控制技术和智能可调节型围护结构（非透光、透光、相变蓄热三种围护结构）等[68]。苏黎世的莫比莫（Mobimo）高层大厦（图 3-81）采用了双层玻璃幕墙中间安装具有回复功能的水平百叶窗（Retroflex 百叶窗）。这种百叶窗的叶面为锯齿状的棱镜类的微型结构，叶面内侧覆有白色的、高反射系数的、表面无光泽的特殊保护涂层，可以抵挡对太阳能的吸收，使其在具有类似封闭遮光帘的光学功能的同时，还确保漫射光有非常出色的穿透性，避免了眩光、局部过热和局部过量等不良现象的产生。这种回复反射百叶窗的跨度较大（无支撑状态下，可达到 3m），并配有可伸缩和可旋转系统，可以满足在体育馆这种大型公共建筑中的侧向大面积玻璃幕墙结构的需要。

　　3.3.5.2　智能照明控制技术

　　体育馆光环境设计在利用到人工光源和天然光源时，都需要先进的控制技术对其加以完善，简单的人工操作无法做到对这种大规模光环境进行有效、实时的监控。在引入天然光的基础上，采用临时照明系统可以满足体育馆在举行大型体育比赛时对比赛厅光环境的照明要求，又节省了对永久照明系统的投资成本。临时照明系统分为临时照明和补充照明两个部分。"临时照明是指一个完整的临时照明系统只会在运动会期间提供给没有永久运动照明系统的临时场地使用，运动会结束以后将其撤除。补充照明是指当永久照明系统不符合比赛要求时，用于增加场地照度使场地照明达到比赛要求的照明系统，运动会结束后将补充照明系统拆除，还原原有永久系统。"[18] 对于体育馆天然光环境的优化设计来说，补充照明可以降低体育馆光环境的日常使用情况下的投资成本、运营成本和维护成本。应用补充照明控制系统在满足同样的使用需求的前提下，可以减少体育馆光环境的投资成本，安装调试周期也相对较短。根据场馆的实际运营模式，也可考虑对这些补充设备采取租赁的形式，减小赛后维护、运营管理的成本，有效地延长灯具的使用寿命，以达到最大限度地节约能源。

在天然光环境设计中，这种照明控制系统可以以一种光量自动调节的方式，作为天然光的变动性、不稳定性的补充。它采用了定时开关及可调光技术，采用红外线传感器、亮度传感器等优化照明系统的运行模式，使整个照明系统可以按照经济有效的最佳方案准确运作[22]。

一套智能控制系统的成功运行的先决条件是它的"智能化"，需要遵循高效、节能、环保、健康舒适、生态平衡的设计原则，采用"3C"高新技术①，将计算机、数据信息、自动控制、建筑设备等技术加以综合应用。这些智能控制技术是建筑节能和绿色建筑重要的支撑技术，它可以作为一种方法和手段，通过自动测量、检视与控制，正确掌握设备控制系统的运行、能耗与负荷的实时状态，从而适时地采取相应的应变措施，以达到天然光与人工光照明系统的正常运营和节能环保[68]。

在本书中，信息资料的收集整理不但包括具体的体育馆天然光环境设计项目的背景资料、限制条件以及功能与成本的定位，还应包括对各相关专业领域知识和技术的全方位了解。它的深度、广度与准确度直接影响着价值工程分析的有效性，它是基于价值工程的体育馆天然光环境设计的基础依据。由于错误、片面或是不够充分的资料，往往会使资料本身的价值消失或是降低，因此，在对体育馆天然光环境设计的资料进行收集时，要把握信息的质量，时刻确保资料来源的真实性、可靠性与客观性，而设计实践正是对资料来源进行检验的最为有效的方法。

这就要求建筑师不断提高价值理念和价值工程观念，保持清醒的头脑，不断拓展情报信息的获取渠道，及时了解客户对体育馆天然光环境的需求，尽可能全面地收集整理、积极主动地分析与设计相关的各方面的情报信息，为体育馆天然光环境设计的价值工程分析提供更加全面、翔实、可靠和有效的信息资料。

---

① "3C"高新技术，即现代计算机技术（Computer）、现代自动控制技术（Control）和现代数据通信技术（Communication）。

第4章　体育馆天然光环境的功能价值分析与评价

由于功能与价值直接相关，所以功能也为实现价值提供了一种体系框架。价值工程方法是专注于改进功能价值的知识体系。功能价值构成了价值衡量标准的基础，而价值衡量标准是测量价值改进的程序 [7]。基于价值工程的体育馆天然光环境设计研究必须集中于功能价值，它必须是体育馆的使用者所急于获得的功能价值。价值工程方法为体育馆天然光环境设计的研究提供了一个框架，使我们能够测量体育馆天然光环境功能价值的各个要素，并对其价值的高低作出判断，帮助我们对劣质价值进行改进。在降低成本的研究方法中，功能分析与评价阶段（功能分析系统）是价值工程方法所特有的作业实施程序，也是其中最重要和最有效的技术 [7]。

4.1　体育馆天然光环境的功能分析

麦尔斯指出："多年以来，人们已经认识到，一项合格的产品，一定要符合顾客的需要和愿望（need and wishes），达到顾客满意的程度，也就是说，该产品一定要有'功能特性'（performance capability）[33]。"通过对功能的定义、分类和整理，为我们提供了一种坚实的技术去更好地分析客户对体育馆天然光环境的功能需求。

4.1.1　功能分析概述

功能是价值工程研究的基础。如何获取客户所需的功能，是基于价值工程的体育馆天然光环境设计研究的首要任务。获得功能是体育馆天然光环境设计的目标，也是其具有使用价值的主要特征。价值工程作业实施的过程，就是为体育馆天然光环境设计寻求以"功能"为核心的解决方案的过程，而价值工程方法的核心是功能分析，它是以功能分析为切入点，通过鉴定必要功能和不必要功能，来完成功能对象与结构的创新性整合。

功能的定性分析是功能价值评价的必要前提，功能分析是把价值工程研究对象的功能进行抽象而简明的定性描述，并将其分类、整理和系统化的过程 [6]。功能分析的主要任务是在明确客户对体育馆天然光环境的真正需求和需求的最佳性能强度的基础上，按照建筑的系统层次，通过对体育馆天然光环境的形式、结构、材料、尺寸和造型等进行系统描述，挖掘和提炼其功能本质并加以定义，将物质形态的组成构件图归纳成为体育馆天然光环境的功能系统结构。

　　功能分析强调的是一种思维过程，帮助建筑师在设计阶段从理论和相关技术方面，客观地掌握客户的真正需求以及满足这些需求所要付出的成本，为体育馆天然光环境设计提供一种科学的设计思维与分析手段。以客户的需求作为第一优先考虑对象，既要做到降低体育馆天然光环境的建造成本、运营成本等全寿命周期成本，又要提供保持不变甚至是提高的全寿命周期功能价值，做到客户经济效益和社会效益的统一。功能分析是基于概念公式（2-1）中的功能与成本的相互关系，对研究对象加以分析，汇总各项功能与成本要素，并加以比较，探求相互之间的最佳关系，解决要素之间的失配问题。在体育馆天然光环境设计中进行功能分析，是以体育馆的使用者（运动员、教练员、裁判员、观众、运营方等）的功能需求为出发点，对天然光环境进行功能分析，在优化功能的前提下，降低体育馆天然光环境的寿命周期成本，使设计达到功能与价值的统一。

　　功能分析方法的应用，可以帮助我们简单明了地判断出客户对体育馆天然光环境的需求，突出体育馆天然光环境设计的本质，真实而客观地研究成本与价值的关系，使建筑师的设计思维更加直接、深入、广泛，更加有助于体育馆天然光环境设计的创造性发挥。

4.1.2　功能定义

　　所谓价值工程对象的功能定义，就是把价值工程对象及其各组成部分的功能用最简明扼要的语言明确地表达出来[6]。功能定义以简明而有说服力的一个动词和一个名词组合，从详细的需求说明中提取出具体功能，可以避免对设计项目功能认识不明晰或发生混淆的现象。它有助于建筑师摆脱传统设计方法的束缚和开阔设计思路，运用一种完全不同的解决问题的思维方式，全面地认识并掌握客户所需求的体育馆天然光环境功能，为进一步的功能分析提供必要的条件。

　　在收集客户对体育馆天然光环境的（功能）需求信息后，由客户们来确定体育馆天然光环境功能是在市场经济环境下产品生存的客观规律。作为功能分析的基础，在对体育馆天然光环境的功能进行定义时，我们需要运用创造性思维方法，挖掘体育馆天然光环境设计的本质。

　　体育馆天然光环境是由若干部分与构件组成的，它们都具有一种或多种功能，这就需要对其进行分类逐项的功能定义。运用精确的词汇来表达功能，是保证功能分析质量的关键。定义功能时，可先从体育馆天然光环境设计的目标和需求入手，再分析项目的主要构成要素和具体实施细节，层层深入地列出功能清单。功能定义可分为定量描述和定性描述两种类型。定量描述是指用一个主动动词和一个可数名词来定义功能，例如控制天然光入射量、获得漫射光、输送空气等，这些可以度量的功能是建立成本功能模型的组成要素。定性描述是指用一个被动动词和一个不可数名词来定义功能，例如增强比赛厅内部空间美观性、降低热辐射、方便安装维护及除尘等。

需要强调的是，本书所研究的功能定义，仅限于在体育馆天然光环境的建筑设计阶段，在建筑学专业设计范围内进行定义，对于与其相关的配套专业范围内的功能定义，需要组成价值工程工作小组，由小组内各专业组员完成其相关功能定义的工作。另外，功能的实现都是有条件的，是必须加以充分考虑的。本阶段只对体育馆天然光环境的功能进行抽象定义，将在本书第5章的方案创造与多方案综合评价中对功能的限制条件进行重点研究。

4.1.3 功能分类

体育馆天然光环境设计问题可分解为不同的功能，通过对设计问题进行抽象定义，达到拓宽问题的解决途径，获取更为恰当的解决方式。体育馆天然光环境的功能以满足客户的需求为目的，在对功能价值进行分析的过程中，时刻受到现有设计环境的制约，需要建筑师主动去感受、去适应、去完善这个设计环境。为确保后续阶段的研究，可按其所起到的作用不同，将体育馆天然光环境的整体功能及其各组成构件的功能进行以下几类划分：

（1）基本功能（Basic Function）和辅助功能（Supporting Function）

以满足客户的需求作为体育馆天然光环境设计的主体，按照其对功能的需求程度，可将功能分为基本功能和辅助功能。我国国家标准《价值工程的基本术语和一般工作程序》（GB 8223-87）对基本功能的定义是"与对象的主要目的直接有关的功能，是对象存在的主要理由"，对辅助功能的定义是"为更好实现基本功能服务的功能"[6]。

基本功能可理解为使用者在体育馆中进行活动时，为达到使用目的而必不可少的功能，是体育馆天然光环境设计的目标，是其设计首要具备的功能和主要研究内容。如失去此类功能，体育馆天然光环境也就失去了其市场价值和存在的意义，例如对天然光的需求与引入。基本功能是与体育馆天然光环境设计的需求和目标息息相关的功能要素，同时具有使用价值和功能价值。它的欠缺将直接导致项目整体价值的大幅下降。

辅助功能又被称为二次功能，是指能够使使用者更加舒适、方便、快捷地使用基本功能的那些功能，对满足基本功能起到了必要的辅助作用。它为基本功能提供了相关的解决途径和方法，一般只具有功能价值，而不具有使用价值，例如天然光的引入可通过可开合屋盖结构得以实现，而可开合屋盖结构必须配备相应的传动装置，对于传动装置来说，减小摩擦则是不可或缺的辅助功能。

在体育馆天然光环境设计中，由于采用不同的设计构思与方法，在满足基本功能的基础上，必须附加上与此种设计构思与方法相对的必要功能。这类功能将直接影响客户对设计项目的满意度，有时它还占据了项目总成本的大部分。因此，在功能分析过程中，区分基本功能和辅助功能可以保证具有使用价值的基本功能成本，尽可能地降低与辅助功能有关的成本，达到提高体育馆天然光环境价值、降低全寿命周期成本的目的。

（2）使用功能（Use Function）、美学功能（Aesthetic Function）和生态功能（Ecology Function）

体育馆天然光环境作为使用者获得功能的载体，它所具有的功能分为很多种类。麦尔斯把功能分为使用功能和美学功能两种。使用功能是指体育馆天然光环境所具有的获得天然光的技术性能，使用者可以通过直接使用天然采光这种技术性能而得到满足。我国国家标准《价值工程的基本术语和一般工作程序》（GB 8223-87）对使用功能的定义是"对象所具有的与技术经济用途直接有关的功能"[6]。

美学功能是指能够引起精神愉悦的性能[35]。国家标准 GB 8223-87 中将美学功能、贵重功能、外观功能、欣赏功能等统称为品味功能（Esteem Function），指"与使用者的精神感觉、主观意识有关的功能"[6]。本书为了便于概念界定，对品味功能与美学功能不加以区分，统称为美学功能。使用者在体育馆比赛厅中进行活动时可以通过天然光环境的外观、艺术性等信息，获得对体育馆天然光环境的美学感受。

在体育馆天然光环境设计中，为符合国家建设"资源节约型、环境友好型社会"的发展要求，可持续发展和生态节能成为当前我国进行大型公共建筑设计必须加以重点考虑的热点问题。生态功能是指体育馆天然光环境所具有的获得天然光的功能中能够满足使用者对体育馆天然光环境的可持续发展、生态节能要求的功能。

（3）必要功能（Necessary Function）和不必要功能（Unnecessary Function）、不足功能（Insufficient Function）和过剩功能（Plethoric Function）

依此方法，按照客户对功能实现的质与量的要求，还可以将体育馆天然光环境的功能划分为必要功能和不必要功能，不足功能和过剩功能。

我国国家标准《价值工程的基本术语和一般工作程序》（GB 8223-87）对必要功能的定义是"为满足使用者的需求而必须具备的功能"，对不必要功能的定义是"对象所具有的、与满足使用者的需求无关的功能，"对不足功能的定义是"对象无法满足使用者的需求的必要功能"，对过剩功能的定义是"对象所具有的、超过使用者的需求的必要功能"[6]。

必要功能是指使用者在体育馆进行活动时所需要的、不可或缺的功能，也是使用者必须认可的功能。在进行设计时，如果不具有它所需的必要功能，将不能满足使用者的渴望和需求，例如引入漫射光、输送空气等。不必要功能是指使用者在体育馆进行活动时不需要或不认可的功能，是与满足客户需求无关的功能，它可以是传输热量、产生眩光等。根据对我国部分体育馆光环境现状的调研统计发现体育馆天然光环境中大约有30% 的不必要功能。

需要强调的是，体育馆天然光环境的功能的这几种分类产生于不同的分类依据，它们之间有的具有包含关系，有的则存在交叉关系，比如体育馆天然光环境的基本功能都是其必要功能，功能既可能是必要功能，也可能是不必要功能，而辅助基本功能既可能是使用功能，也可能是美学功能等。

为了帮助体育馆使用者取得最大的价值，建筑师不但要考虑总体功能，还要关注细分过的功能，正确判断哪些是使用者所需要的使用功能、美学功能、必要功能、基本功能、辅助功能，哪些是使用者所不认可的不必要功能、不足功能、过剩功能。以此作为体育馆天然光环境功能价值分析的基础，通过对细化功能的有机整合与实现，最大限度地减少不必要功能、不足功能、过剩功能，使不必要成本得到降低。

4.1.4　功能整理

功能整理是应用系统思想方法，分析产品各项功能之间的关系和功能的逻辑体系，编绘功能系统图[69]。功能整理是功能评价的前期积累，与功能定义和功能分类之间有着密切的联系，是对功能进行定义、分类后进一步深入分析的成果。功能系统图作为功能整理的主要手段，可以显示所有功能之间的逻辑关系，检查研究对象各项功能的有效性，帮助找出遗漏的功能，启发价值工程团队成员的创新思维[69]。其中，系统化功能分析技术（FAST）图是功能整理中最为常用的功能系统图。

体育馆天然光环境的功能是多层次的，它所需要的功能可以通过不同设计方案与技术手段来获得，所以，在设计时，重要的是在了解业主、使用者、运营方的需求的基础上，对功能进行深入细化与分析。在设计的最初阶段，是对体育馆天然光环境功能的抽象定义，只有通过设计的不断深入，才能逐步形成既定功能的具体结构。功能整理可以帮助设计者掌握体育馆天然光环境的必要功能，筛除不必要功能，理清改善体育馆天然光环境价值的功能领域，确定价值工程分析的着眼点。

4.2　客户对体育馆天然光环境的功能需求

当客户在对不同的体育馆天然光环境进行选择时，他们所重视的因素是什么？他们的要求和需求对应的又是哪些功能？一个体育馆天然光环境设计成功与否，最终将取决于它满足客户要求和需求的程度。为了更加细化体育馆天然光环境设计中的矛盾问题，可将业主、使用者和运营方的要求和需求分类进行深入的分析，也为进一步改进价值、优化设计和增加竞争优势做准备。

在对设计项目进行价值研究时，"人的需求问题"往往比技术难题更加难以解决。建筑师要与项目设计团队以及业主（或是上级主管领导等决策者）、使用者、运营方等各方利益相关者建立积极的、透彻深入的沟通与对话，并对客户提出的所有需求抱着质疑的态度，一定要明确所提需求的正当理由。这是为了确保客户需求的合理性与正确性，帮助建筑师理解客户的真实需求以减少不确定性。因为一个体育馆天然光环境设计的成功与否，关键在于它是否能满足体育馆的业主、使用者、运营方等各方利益相关者的需求，在于他们是否认可所获得的天然光环境功能。

4.2.1　业主的需求

作为体育馆建设项目的主要决策者，体育馆的业主既包括政府、企业、社会团体等出资方，也包括该设施的上级主管领导，要为体育馆的设计、建设、运营等阶段作全方位的考虑。在前期设计阶段，业主要求场馆能够为竞技比赛创造优质的比赛、训练环境，为群众健身提供宽敞、明亮的锻炼场地以及满足文艺演出、集会、娱乐等各类社会活动的需要。在此基础上，还要避免对城市生态环境的破坏与对可持续发展的不良影响，减少稀缺资源的使用和大气排放，符合大型公共建筑节能的政策需求。

由于体育馆建筑的建设投资巨大，除了少部分场馆享受政府全额拨款或是社会团体资助以外，大部分体育馆的建设需要业主自筹资金。因此，对于业主而言，降低创造体育馆天然光环境所需的前期设计成本、建造成本是他们最为关注的重点问题。体育馆天然光环境的设计方案，直接影响其建筑造价的增减。此外，体育馆天然光环境的设计定位还应该发挥城市载体作用，以促进城市经济发展与对外交流，提升城市的体育文化生活品质与社会价值。

4.2.2　使用者的需求

对于使用者来说，要想更好地进行各项体育运动，就需要有适宜的体育运动场馆。可提供的体育场馆数量越多，各项硬件设施与软环境就越完善，势必会吸引更多的使用者投入各项体育运动中去，从体育运动战略规划来看，也会促进体育运动技术水平的逐步提高。

由于体育馆使用者具有文化背景、个人品位、经济条件、使用目的等方面的差异，因此他们对功能的要求也是各有不同的。在体育馆比赛厅中进行视觉活动的人员有：运动员、观众、场地技术人员（裁判、边线员、领队）、媒体记者（电视、电影摄制组和图片社、体育杂志等）。比赛厅天然光环境质量直接关系到运动员竞技水平的发挥、裁判视觉判断的准确性以及现场观众观看比赛和电视转播的质量。为了满足运动员、观众、彩色电视转播、平面媒体等使用者的需求，体育馆比赛厅的采光照明要达到高显色性、高照度（水平照度、垂直照度）、高照度均匀度、低眩光等要求。

价值工程的价值观认为，体育馆天然光环境的功能和成本都不仅仅与体育馆运营方产生联系，更重要的是，它们都关系到使用者。作为体育馆天然光环境设计的核心问题，使用者的需求是体育馆之间运营竞争的中心，即站在使用者的立场上，思考和处理体育馆天然光环境的功能和成本问题。我们在确定体育馆天然光环境的功能和技术水平时，必须以运动员、裁判员、观众等使用者的需求作为主要依据，在可持续发展理论的倡导下，避免盲目追求建筑形式的所谓美观，如果忽视它的功能性，带来的直接后果是大量资金的浪费和体育馆耐用性、安全性、综合价值的降低。

4.2.2.1 运动员、裁判员、竞赛官员

一座光环境质量较高的体育馆，应该满足运动员、裁判员、竞赛官员在比赛场地上能够看清楚场内的一切动向，在最短时间内作出最佳的判断，以保证体育运动的高竞技水平。由于比赛场地是多功能的，可能是训练、小型比赛，也可能是重大的国际比赛。当比赛项目不同，运动速度不同时，照度标准相应也不同。为了满足不同级别比赛的需要，体育馆比赛厅的光环境要达到一定的照度要求。一般来说，比赛场地越大，运动速度越快，距离越远，运动对象越小，照明标准就越高。比赛场地的水平照度为 $150 \sim 300\text{lx}$ 就可以满足运动员和裁判员的正常比赛需要[18]。从生理感受上，运动员希望比赛厅的亮度高一些以便刺激比赛或是训练的兴奋度；而对于以强身健体为目的的普通社会大众来说，则希望在光线相对柔和、更加接近自然的光环境中进行大众体育锻炼。

4.2.2.2 健身群众

我国大部分体育馆在建成之后，每年所承办的大型体育赛事与文艺演出数量非常有限，有的场馆甚至一年也没有一次这样的活动。为了增加体育馆的收益，做到"以馆养馆、独立核算、自负盈亏"，需要在日常的运营中，采取商业运营方式，吸引大量的群众来此锻炼身体。由于健身群众与专业运动员相比对体育运动的照度要求相对较低，可不考虑彩色电视转播的要求。白天，在满足业余体育运动的光环境质量要求的同时，以天然光照明代替人工照明，可以大大减少人工光源的耗电量，降低运营与维护成本，增加经济效益，同时，还可促进健身群众与自然环境的沟通，创造自然、舒适的运动环境。

4.2.2.3 观众

在现场观看体育比赛时，观众希望能够在和谐愉快的氛围中观看比赛的竞技过程和运动员的临场表现，能够看清楚比赛场地以及坐席区周围的环境，并能够保证他们安全、便捷地进场和退场。与运动员相比，观众所处的观众席区与比赛区的视线距离较远，位置相对固定，视线要随着运动员或是球的移动而移动。为了能够清楚地观看比赛，比赛场地的照度水平需要相对地提高。同时，观众观看比赛时又希望比赛区与坐席区的光环境有所区别，让观众区的照度水平低于比赛区的，以便于烘托赛场气氛，突出赛事重点。

4.2.2.4 彩色电视转播与平面媒体

在全球范围内，彩色电视与平面媒体成为信息传播的主流渠道，它们与体育产业传播与推广的关系也越发密切。就历届夏季奥运会的情况来看，观看奥运会赛事转播的人

数在不断被刷新，2000 年第 27 届悉尼奥运会电视观众已达到 226 亿人次[18]。赛时的彩色电视转播、电影与平面媒体记者为了便于采访，给观看电视节目和电影的观众提供高质量的画面，希望比赛厅内的光环境尽量亮度均匀。技术发展到高清晰度数字电视（HDTV）阶段，对照度水平的要求也在不断提高。电影和平面媒体多采用胶片感光来记录比赛赛况，曝光量、清晰度和显色性等因素将直接影响照片和影片的效果。

除此之外，为了满足体育赛事运营的需要，作为重要经济支柱的广告商的需求理应受到重视。对赛事主办方来说，广告商是他们的重要客户，满足客户的需求，保障客户的利益是主办方应尽的责任和义务。合格的体育馆天然光环境还必须保证现场和电视机前的观众能够看清楚比赛场地周围广告牌上的信息，使广告信息获得最佳、最快、最清晰的传播方式，使广告商获得更高的经济效益。总之，对于一座设计成功的现代化体育馆来说，高质量的比赛厅光环境是其必须具备的重要因素，既要有一定的照度、亮度及照度和亮度均匀度，又要有理想的显色性和立体感等。

4.2.3　运营方的需求

目前，我国大多数的体育馆已经是企业化管理，它们的运营都采取自负盈亏，独立核算的运营模式。为了企业自身的长远发展与经济效益，它需要在长期运营中，对场馆进行统一管理。作为体育馆的运营方，总是力求最大限度地降低运营成本与维护成本，获得更大的经济收益率。运营方发现使用者对光环境质量和性能的要求越来越高，他们希望自己健身锻炼的场地也能创造出重大体育赛事的比赛氛围，增加运动激情与参与感。因此，运营方最为根本的需求就是尽量减少原设计方案中不必要的成本，提高体育馆的功能价值，满足使用者对体育馆光环境的多种功能需求，从而不断扩大消费群体，提升场馆的综合价值。

在对客户的体育馆天然光环境功能需求进行分析时，必须清楚地认识到客户的价值观、经济文化生活水平、种族、地域等的差异性会产生不同的功能需求，而客户不断丰富的活动和不断提高的经济收入也会带来功能需求的不断发展与创新。在设计时，要充分考虑到多方面因素对客户功能需求的影响，以完成客观的、全面的体育馆天然光环境功能价值分析。体育馆客户需求的不是天然光环境本身，而是隐藏在其背后的本质——功能。由于客户需求的差异性，通过天然光环境所获得的功能是多方面、多层次的，设计中需要将这些功能相互协调与配合，根据设计项目的实际目标进行有侧重的满足。建筑师只有客观地掌握体育馆的业主、使用者、运营方等各方利益相关者的真正需求，才有可能客观、准确地完成体育馆天然光环境的功能分析。

面对不尽相同的各利益相关者的期望与需求，价值工程方法可以成为他们之间的纽带，帮助他们进行沟通协调，在更广泛的利益群体中和全方位的体育馆天然光环境价值框架下，将复杂的、系统的价值问题进行分析细化，使利益相关者之间取得创造价值的共识。

4.3   体育馆天然光环境的功能计量

体育馆天然光环境价值的提升与改进需要对功能进行评价，而功能评价的前提与基础是对体育馆天然光环境必要功能进行计量。功能计量的主要任务就是分析体育馆天然光环境设计的目前成本资料，将成本资料结构化并分解成相对独立的几个部分，从而找出设计中的高成本部分。由于体育馆天然光环境的目前成本是建筑师进行方案创造的重要依据，所以目前成本资料的精确性就显得尤为重要了。

在本章的第一节中，已对体育馆天然光环境的价值进行了定性的分析，价值作为一种设计优化的衡量标准，在价值工程的范畴内可作为一个"可测度的量"[6]。从公式（2-1）可知，价值作为功能与全寿命周期费用的函数，需要将功能与寿命周期费用数量化，以此得出价值的数量值。要研究各数量值之间的比例关系时，需要有相匹配的计量单位对其加以限定，全寿命周期费用可以货币作为计量单位，但功能的定量则较难确定。这是由于体育馆天然光环境功能的组成较复杂，它包括技术功能、经济功能、生态功能、审美功能、社会功能等，其中照度、量度、光通量、面积等是可以定量表示的，而生态功能、审美功能等则不能直接定量。

4.3.1   功能成本概述

由于体育馆天然光环境的功能是由多个子功能所组成的，可以对这些子功能的参数进行量化，预算出所需要支付的费用，实现通过功能细分为子功能来达到细化成本的目的。作为价值工程的一个重要概念，功能成本是指与子功能相对应的成本。在国家标准GB 8223-87中，对功能成本（Function Cost）的定义是"按功能计算的全部费用"[6]。需要强调的是，这里所分析的成本均为体育馆天然光环境的全寿命周期成本（C），它包括体育馆天然光环境的初始成本和全寿命周期成本，如设计成本、建设成本、运营成本、维护成本、能源成本、损耗成本等。从功能数量化入手，计算出体育馆天然光环境各功能的目前成本、目标成本和重要度系数。

4.3.1.1   功能成本定量

功能作为实现体育馆天然光环境利益相关者的需求或要求的手段，当我们在讨论体育馆天然光环境的价值时，我们真正研究的是这个需求或要求的满意程度与相关成本之间的度量关系。满意程度是指功能的性能而不是功能本身，可理解为"功能的价值等于它的性能除以它的成本"[7]，即：

$$V_f = P/C \qquad\qquad (4-1)$$

由公式（4-1）可知，体育馆天然光环境的价值是指它的功能的性能和获得它的成本之间的关系的定性或定量表示。功能作为价值的核心，是以一种允许被量化的方式起作用的。为了能够应用概念公式（3-1）来对功能进行评价，在对体育馆天然光环境功能进行定性分析的基础上，需要对其价值进行进一步的定量研究，这首先取决于对功能系统图中的必要功能的定量化。

功能具有客观的属性，它是客观存在的，同时也具有主观的属性，功能的好坏还要取决于使用者的主观判断[38]。由于功能具有客观—主观二重性，可将其分为客观功能和主观功能。客观功能是可以计量的功能，例如体育馆比赛厅的采光面积的大小、采光系数的高低，都可用确定的数值加以表示；而主观功能取决于客户对体育馆天然光环境的精神与生理感受，具有一定的个体主观识别与判断。虽然与客观功能相比，它具有很大的不确定性和模糊性，但仍然可以采用一定的方式加以判断。可将业主、使用者和运营方的主观感受整合成一个客户群体来判断，运用相应的分析方法得出整体性的识别结果，而这个结果就具有了一定的确定性。

在功能水平的量化过程中，多采用静态的指标来表示功能的目前成本和目标成本。但是在体育馆天然光环境设计中，由于引入天然光的位置多为体育馆的屋盖顶部或是围护结构的中上部，当其结构的某个部件出现故障或是损耗时，它的更换难度大，并且功能的使用成本也会增加。这就需要采用动态的功能水平指标，保证功能水平的合理配置，以达到结构部件的质量均衡，使体育馆天然光环境在建筑全寿命周期内增加功能水平的可靠性①，尽量通过减少结构备用件的消耗，实现减少资源浪费与环境污染的生态节能目的。在进行具体操作时，有的功能是可以量化的，例如体育馆比赛厅的采光口数量是单个还是多个，采光口设计的具体大小等。但是，有的功能却不能通过简单的量化来加以表示，只能以定性的形式予以确认。

需要指出的是，体育馆天然光环境实现其功能的能力或程度并不是无限的，是有一定限制的。我们将这种可以用量度表示的功能的能力与程度的范围称为体育馆天然光环境的功能水平。由于质和量是物质密不可分的两个方面，超出体育馆天然光环境的功能水平将使其产生质的变化，例如在广州体育馆天然光环境的设计方案中，由于采用全透射顶棚致使采光面积设定过大又缺少控光设施，超出了天然光环境的功能水平，致使可满足使用者需求的必要功能（获得漫射光）变成了影响使用者使用需求的不必要功能（获得热辐射）。

---

① 功能水平的可靠性是指某一产品或零部件在规定的使用条件下，能在正常工作的有效时间内，无障碍地实现其功能水平的概率。

4.3.1.2 功能成本分析（建立成本结构式）

美国价值工程研究学者奥布赖恩（O'Brien）曾经指出："成本是价值分析中应考虑的最主要问题。如果没有成本的比较，那么价值分析过程一定会陷入主观臆断，以至于价值分析不能发挥出应有的作用[70]。"在体育馆天然光环境设计的开始阶段，只能对项目作简要的成本估算，只有达到初步设计阶段才可以对其进行明确的建筑概算，而建筑预算则要等到施工图设计阶段才可确定。但是，到了施工图设计阶段，进行设计变更就会带来过高的变更成本，使得一些可以提高价值的可替代方案不得不被放弃。因此，在项目的设计阶段越早进行成本分析，就可以越大地发挥价值工程研究的作用。

参数模型和历史信息计算可以帮助建筑师完成在设计过程中对建筑成本的估算，但是需要清醒地认识到建筑项目所处的地域不同和建筑实施的人工熟练程度不同都会给建筑成本造成很大的差异。另外，在参数模型和历史信息的收集工程中，项目的内部组织程序和具体实施情况的不可知，也会导致真实建筑成本的不确定性。为了把成本从功能中分离出来，可根据已收集的项目成本信息，如建筑估算等，对影响功能的各个项目组成要素的成本进行尽最大可能的精确估算，以完成成本—功能矩阵。

在设计信息资料收集的成果中发现，体育馆采光口面积与其天然光环境全寿命周期成本无成比例变化，有时甚至由于所采用的采光技术不同而无任何可比性。因此，在进行成本的计量时，无法运用单位造价的方法来对体育馆天然光环境的全寿命周期成本进行计量。功能计量的基本方法是建立成本结构式，结合功能分析。功能计量能够为体育馆天然光环境的原有设计方案的价值评判和下一步的多方案评价，提供客观的比较依据，并有助于建筑师在设计过程中有计划地控制体育馆天然光环境的全寿命周期成本。

4.3.2 功能目前成本的计量

体育馆天然光环境的功能目前成本，是指该建设项目为获得功能所付出的现实费用，一般用货币量来表示。功能目前成本的计量，又叫功能成本分析，它是通过对体育馆天然光环境及其各组成构件成本进行客观的计量，再将这些计量结果转化为其功能目前成本的计算。在体育馆天然光环境设计项目进行改进时，需先计算各功能的目前成本，通过与各功能的目标成本和重要度系数的比较，确定对哪些功能区域加以改进。

在对体育馆天然光环境及其各组成构件成本进行客观的计量之前，需要根据具体体育馆设计的理念和思路以及在可持续发展、生态性、适应性、先进性、完善性和对社会的影响等方面的设计要求，对其计量的范围与方法进行规范。由于体育馆天然光环境在设计、建造、运营、使用、维护等阶段都会有资金的花费，也就形成了各阶段的功能成本，所以功能目前成本的计量是对全寿命周期成本的具体估算。

同时，不同阶段的功能目前成本计量的复杂程度和基本方法也有所不同（图4-1），

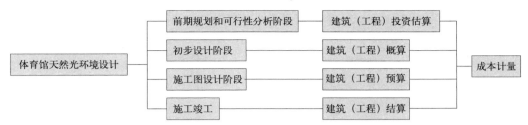

图 4-1　各阶段的体育馆天然光环境功能成本计量的流程图

例如在设计的前期规划和可行性分析阶段，可对量化的使用功能进行粗略估计，形成体育馆天然光环境的建筑（工程）投资估算，以此概括设计方案的总成本。在初步设计阶段，要对体育馆天然光环境的各组成构件做进一步的成本分摊估计，进行建筑（工程）概算。在施工图设计阶段，要估计体育馆天然光环境设计方案所需材料、设备等资源分摊到的成本，进行建筑（工程）预算。到了施工竣工后，则要对整个体育馆天然光环境建造项目所需资源、用工、杂项开支、利润以及其他与该项目相关的成本做详细的成本统计，进行建筑（工程）结算。

由此可见，对这些有意义的各阶段成本资料的收集是非常重要的，它为进一步的功能目前成本计量提供了技术保证。但是，作为体育馆天然光环境建设项目的敏感问题，在对其进行调研、收集资料的过程中，有时会遇到多方面的阻力与拒绝，要想获取翔实、准确的成本资料是十分困难的，而只有翔实、准确的成本资料才可以作为高价值性的设计依据，保证有意义的体育馆天然光环境设计创意的生成。在对体育馆天然光环境及其各组成构件成本进行客观的计量之后，应用经验估算法将这些成本转移分配到各相关功能上，完成设计项目各阶段的功能目前成本的计量，对其中成本计算较大的功能加以分析，以便从中寻找到降低功能目前成本的解决方案。

4.3.3　功能目标成本的计量

体育馆天然光环境的功能目标成本，是指体育馆天然光环境功能的成本在理论上可以实现的最佳成本。它是体育馆天然光环境设计在技术上所寻求的最低成本，是对体育馆天然光环境功能实现效率的评价基准，是在建筑设计中应用价值工程方法的重要目标。不管是对原有体育馆天然光环境项目进行改造，还是新建体育馆天然光环境设计项目，都需要明确其各功能的目标成本。通过一个完整的实现项目各要素的成本目标的成本模型，可以反映出目前设计项目中哪些要素的成本超过了设计预算。它有助于对现有体育馆天然光环境的设计方案进行评价，为设计的改进方案提供理论上的支持，以此作为方案创造与优化的评价依据。

体育馆天然光环境功能组成的复杂性决定了不同属性的功能与全寿命周期费用之间

的数量比例关系充满了不确定性，无法用严格的数量比例关系来表示。在计量体育馆天然光环境的功能目标成本时，可以采取直接和间接计算方法。其中，直接计算方法就有实际调查法、经验估算法、理论计算法、功能成本标准表方法、初步设想估算法以及 R 估算法等多种方法，由于这些方法要求计量者有较丰富的知识和经验，有很强的正确分析能力，并配有大量实际、可靠的设计资料的支持，所以在具体的体育馆天然光环境设计项目中较难采用。间接计算方法主要是根据 0-4 评分法所得出的各功能之间的重要程度，对体育馆天然光环境的可能实现方案的最低成本进行分配，以获得各功能的目标成本。这种通过功能重要度系数推算功能目标成本的方法，被称为目标成本的功能重要度系数评分法。其中，功能重要度系数又叫功能系数，或功能评价系数，它表示在价值工程对象的各功能中，某一功能与其他功能相比的重要或复杂程度[6]。

$$F_c = F_i / F = F_i / \sum F_i \qquad (4-2)$$

式中：F_c——功能重要度系数，即功能系数；

　　　F_i——第 i 个功能得分；

　　　F——总功能得分。

由公式（4-2）可看出，一个功能的成本，可能是由一个或多个构件的全部成本所组成，也可能是由一个或多个构件的成本按照相应的比例分摊得到的，只有将这些成本值逐一累加才能最终得到相对准确的功能成本的计量。功能重要度系数的计量，正是提供了一个相对便捷的把各构件成本转移分配的解决方法，它直接影响着功能成本的计量结果。

在计算功能重要度系数时，可采取直接评分法、0-1 两两对比法、0-4 两两对比法、多比例两两对比法、实际困难度评价法、逻辑流程法以及功能系统评分法等多种方法。因考虑到具体设计项目的不同，实际设计阶段控制人力、物力成本过度增加的需要，本书在体育馆天然光环境设计中采用专家评分法，具体应用 0-4 两两对比法，以问卷调查表的方式进行逐层深入的提问，请体育建筑设计专业领域的专家、资深设计师、设计项目的重点客户对体育馆天然光环境的功能进行打分。此次共回收有效评分数据 53 份，经过整理发现大部分的数据都具有不同程度的相似性。依据价值工程方法的规定，选取 10 份最具代表性的数据加以统计，以计算功能权重的形式，确定功能重要度系数（表 4-1、表 4-2）。

需要指出的是，0-4 两两对比法相对便捷，但是它的计算精度有限，不能细致地反映各功能之间的实际差异。在实际操作时，由于参与评分的专家与客户的意见具有一定的针对性，所得功能重要度系数只作为具体的体育馆天然光环境设计项目的参考数据，不具备广泛地指导我国体育馆天然光环境设计的权威性。在实际项目中，随着设计的逐步深入，体育馆天然光环境的功能与成本是会产生变化的。作为功能价值评价标准的功能目标成本也必须根据实际情况，采用更加适宜的技术，去除不必要的功能与成本，以达到功能目标成本的真实性。

请将下列体育馆天然采光照明的功能两两对比，按功能重要程度评分。在两者交叉的空格里填入各自的评分，两者评分之和为4分。（非常重要的打4分，同等重要的各打2分，较重要的打3分，不太重要的打1分，不重要的打0分）

表4-1　体育馆天然光环境的功能价值评分表

序号	功能名称	引入天然光	降低眩光	控制天然光入射量	控制天然光入射角度	产生漫射光	降低辐射热	通风换气	降低屋面或围护结构荷载	分隔室内外空间	增强比赛厅美观性	降低照明耗电量	改进体育馆外观	评分值
1	引入天然光	X	2	2	2	3	3	4	3	4	3	1	1	28
2	降低眩光	2	X	1	2	2	3	4	4	4	3	4	3	32
3	控制天然光入射量	2	3	X	2	3	2	4	4	4	3	3	3	33
4	控制天然光入射角度	2	2	2	X	3	2	4	4	4	3	2	3	31
5	产生漫射光	1	2	1	1	X	2	4	4	4	3	4	3	29
6	降低辐射热	1	1	2	2	2	X	4	4	4	3	4	1	28
7	通风换气	0	0	0	0	0	0	X	4	3	2	4	2	15
8	降低屋面或围护结构荷载	1	0	0	0	0	0	0	X	4	3	4	0	12
9	分隔室内外空间	0	0	0	0	0	0	1	0	X	3	4	3	11
10	增强比赛厅美观性	1	1	1	1	1	1	2	1	1	X	4	3	17
11	降低照明耗电量	3	0	1	2	0	0	0	0	0	0	X	4	10
12	改进体育馆外观	3	1	1	1	1	3	2	4	1	1	0	X	18
	合计	16	12	11	13	15	16	29	32	33	27	34	26	264

体育馆天然光环境的功能评分综合统计表

表4-2

| 序号 | 功能名称 | 评价者代号 | | | | | | | | | | 总评分值 | 平均评分 | 功能系数 |
		一 G_1	二 G_2	三 G_3	四 G_4	五 G_5	六 G_6	七 G_7	八 G_8	九 G_9	十 G_{10}			
1	引入天然光	28	33	23	29	23	24	33	32	30	33	288	28.8	0.11
2	降低眩光	32	29	30	33	26	25	28	32	23	28	286	28.6	0.108
3	控制天然光入射量	33	28	27	30	27	25	27	11	26	29	263	26.3	0.1
4	控制天然光入射角度	31	28	29	26	32	25	28	26	16	24	265	26.5	0.1
5	产生漫射光	29	28	27	28	30	30	27	26	25	25	275	27.5	0.104
6	降低辐射热	28	27	31	25	23	23	18	15	28	26	244	24.4	0.092
7	通风换气	15	26	34	28	22	25	20	17	25	16	228	22.8	0.086
8	降低室面或围护结构荷载	12	17	6	17	9	8	21	17	26	26	159	15.9	0.06
9	分隔室内外空间	11	8	7	8	13	10	13	19	5	13	107	10.7	0.041
10	增强比赛厅美观性	17	8	15	10	18	20	14	21	12	4	139	13.9	0.053
11	降低照明耗电量	10	26	27	14	26	33	23	23	44	26	252	25.2	0.095
12	改进体育馆外观	18	6	8	16	15	16	12	25	4	14	134	13.4	0.051
	合计	264	264	264	264	264	264	264	264	264	264	2640	264	1.00

4.4 体育馆天然光环境的功能评价

体育馆天然光环境的功能评价,是指计算出可靠地实现必要功能的现实全寿命周期成本(即目前成本)与最低全寿命周期成本(即目标成本),以达到对体育馆天然光环境必要功能的价值定量化。再把实现必要功能的目标成本与目前成本进行比较,计算出各功能的改善期望值与重要度系数,将那些功能价值低、改善期望值大、重要度系数高的功能作为体育馆天然光环境设计的重点价值工程研究对象,并在后续的研究中加以改进,以达到提高价值的目的。通过功能评价,可确认或者修改体育馆天然光环境设计的技术选择和功能组成,找到使其得到更高的全寿命周期成本效益的方法。

通过给体育馆天然光环境功能分配相应的成本,利用成本、功能与性能之间的关系来评价功能,以寻求功能的最低成本。在设计时要对体育馆天然光环境的发展方向和建成效果加以预测,要对设计的目标、技术措施、项目背景加以协调,做到多次反复地分析与改进。在各个子系统中,可以先运用不同的技术方法(如绝对值法、相对值法、逐次收缩法等)加以分析,再对分析结果进行整合,这有助于打破传统的体育馆天然光环境设计研究的框范,多层次、多视角地进行更加系统化的研究,通过全寿命周期成本可靠地实现客户的必要功能,在提高体育馆天然光环境价值的同时取得更加满意的优先方案和社会技术经济效益。

4.4.1 系统化功能分析技术(FAST)的应用

系统化功能分析技术(FAST 图解法)作为一种广泛应用的功能整理(评价)方法,是由美国 Sperry Rand 公司的 Charles W. Bytheway 提出的,它提供了一个分析复杂的组合或过程的简明而有效的方法,以逐层分析的方式来决定价值工程对象所需求的功能[6]。作为一种单向集约型关系图,系统化功能分析技术可以帮助体育馆天然光环境描绘一个功能关系的直观图,揭示体育馆天然光环境价值研究的关键领域,以获取客户所需功能为目的,寻求最适当的设计方案。在制作系统化功能分析技术图解的过程中,要尽量做到简单、明确使建筑师通过图解能够清晰地辨析体育馆天然光环境设计内容。

4.4.1.1 基本逻辑与基本概念

系统化功能分析技术是"构建在以'怎么办'为方向的基础之上,通过测试'为什么'的逻辑方向来解决问题的"[7]。它把整个体育馆天然光环境作为一个系统,在对其功能进行定义和分类的基础上,以图形的方式表示基本功能和辅助功能之间相互依存的逻辑关系。

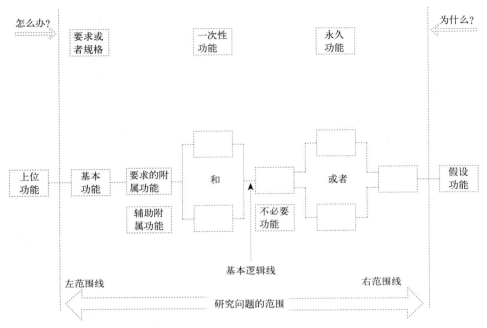

图 4-2　基本 FAST 图的结构 [7]

　　运用系统化功能分析技术，通过采用"目的—手段"逻辑的逐层分析方式，可以客观地表述体育馆天然光环境功能系统中各功能之间的相互关系，确定所有必要功能在整个功能系统中的位置关系，并再次对功能系统中的不必要功能进行筛查。遵循功能系统的边界性、层次性和有机性等一般属性，分析体育馆天然光环境功能之间的"目的—手段"逻辑关系并加以系统化，寻找实现各级上位功能的各种下位功能①，最终绘制完整、明晰的功能系统网络结构图（图 4-2）。

　　在应用系统化功能分析技术来评价体育馆天然光环境功能时，所绘制的 FAST 图并不能"完全正确"地反映整个系统的功能关系，而是作为"有效"的 FAST 模型和体育馆天然光环境进行设计方案创造与改造的重要依据。

4.4.1.2　FAST 图解法的优点

　　系统化功能分析是价值工程功能分析的一个必要步骤，它可以帮助明确哪些是必要功能，哪些是不必要功能。FAST 图作为分析全部功能之间相互关系的图形工具，提供了一个明确、清晰的功能关系图。它能够显示所有功能之间的特殊关系，帮助建筑师拓

----

　　① 功能系统图中，两个功能直接相连时，如果一个功能是目的，并且另一个功能是这个功能的手段，则把作为目的的功能称为上位功能，作为手段的功能称为下位功能。

展思路，审核所分析各功能的有效性和是否有遗漏的功能，以发现可进行简化的功能要素。通过系统化功能分析技术的应用，可将体育馆天然光环境的设计问题简化成为可以辨识的各个功能定义的"动名词"，从而形成解决设计问题的一般系统框架。在体育馆天然光环境的设计阶段，进行价值分析时首先要建立 FAST 图，可以帮助建筑师尽早发现设计中存在的潜在问题，把成本和性能一并纳入到功能分析系统中进行综合考虑。

此外，FAST 图不同于以往的流程图，流程图是通过说明具体的工作来完成功能，而 FAST 图则是通过回答"为什么"和"怎么办"等逻辑问题来确定过程或程序的目标，把过程或程序分解为一个个单独的组成部分，并用图的形式表示出各部分之间的相互关系[71]。FAST 图有别于流程图的客观表示方法，是建筑师等项目设计团队成员对项目范围和过程分析的主观表达，可以促进相关专业设计人员之间的沟通以及对设计方案的深入理解。

4.4.2　生成 FAST 图

体育馆天然光环境系统化功能分析技术（FAST）图的绘制（图 4-3），是建立在正确的功能定义的基础上，依据"目的—手段"的逻辑关系和事物发展的客观顺序，依次

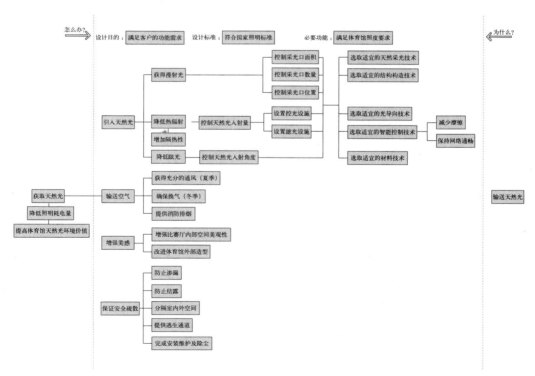

图 4-3　体育馆天然光环境的系统化功能分析技术（FAST）图

确定基本功能、范畴界限、上位功能和下位功能，并形成要径线路①。其中，项目要求是达到最高层次功能的前提条件，即满足体育馆客户的需求和期望。

依据系统化功能分析技术的基本原则，在 FAST 图的范围界限（即价值研究内容的范围）内，从左向右依次为基本功能和辅助功能，前者为后者的研究目标或是结果，后者则是与前者相关的解决途径和方法。在体育馆天然光环境设计中，一般把基本功能右侧的所有功能都认作为辅助功能。在确定设计的目标后，基本功能是不可更改的，但是辅助功能的内容是可以根据研究的需要更改的。

从体育馆天然光环境的功能系统图②中可以看出一个上位功能的解决途径和方法不一定唯一，它与下位功能存在"并且"或"或者"两种连接方式。以不同方式连接的下位功能之间的重要性也不尽相同，例如"产生漫射光"和"避免眩光"是同等重要的，而"控制天然光入射量"则比"控制采光口面积"的重要性低。图中整个功能系统的各功能区域③是相对的，有层级之分的，例如把"满足客户的功能需求"作为"目的界限"功能，则"控制采光口面积"、"控制采光口数量"、"控制采光口位置"就属于一个功能领域。对于整个功能系统图来说，"获取天然光"为第一级功能（上位功能），"引入天然光"、"输送空气"、"增强美感"、"保证安全疏散"等为第二级功能，"产生漫射光"、"降低热辐射"、"避免眩光"等为第三级功能。

4.4.3　确定成本与功能的关系

在对体育馆天然光环境功能进行系统分析时，建筑师通过关注哪些功能具有高成本来达到提高项目价值的目的。因此，在开展功能评价阶段的核心工作时，必须确定成本与功能之间的关系，并检视功能与成本之间是否存在不匹配的关系，为下一阶段的方案创造提供设计创意的产生依据。在建立 FAST 图的基础上，可以使用成本—功能模型来分析功能—成本之间的关系。以沈阳奥林匹克体育中心综合体育馆为例，它的总建筑面积是 67981m²，预计工程总投资为 528524908 元，其中，外立面及屋面工程的投资概算为 87340934 元。在工程竣工阶段，综合体育馆的幕墙及金属屋面工程结算值为 51571351.76 元。在取得一系列的综合体育馆天然光环境设计各组成部分的成本信息数据后，邀请该项目工程管理公司的建筑造价师和设计玻璃幕墙和金属屋面的沈阳远大铝业有限公司的设计师，共同完成对功能目前成本的分配，建立一个功能成本模型，以

---

① 要径线路是指针对某一功能领域的始于"目的界限"功能而止于某一"手段界限"功能或内部结构功能区中某一最底层手段功能（组）之间的、由内部结构功能区中与该功能领域相关的所有基本功能联合构成的 FAST 子图。

② 功能系统图是指表示对象功能得以实现的功能逻辑关系图，又称功能分析系统图。

③ 在功能系统图中，任何一个功能及其各级下位功能的组合称为功能区域。

计算各分项功能的成本权重，求得功能成本系数（表 4-3）。在对功能目前成本计量时，除了计量体育馆天然光环境的初始成本之外，还要对运营成本、维护成本等全寿命周期内成本加以分析。掌握全寿命周期成本的分布与计量，可以帮助建筑师确定项目的高成本组成部分，以此把握项目的成本情况，确定体育馆天然光环境设计价值工程研究的范围。由于在体育馆设计阶段和运营初期无法对后续的运营成本、维护成本、损耗成本等全寿命周期内成本作出准确的计量，因此在沈阳奥体中心综合体育馆天然光环境的功能目前成本模型中，只包括其实施成本。

　　由于体育馆天然光环境的目标成本不易求解，它的功能目标成本也就无法进行精确的表述。我们可以选用相对值法（又叫价值指数法），依据建筑技术经济学的相关知识，将功能重要度系数（F_c）（见 4.3.3）与功能成本系数（C_c）相比，可求出功能价值系数（V_c）[6]。

　　　　功能价值系数（V_c）＝功能重要度系数（F_c）／功能成本系数（C_c）　　　　（4-3）
式中：C_c——功能成本系数，即成本系数，$C_c=C_i/C=C_i/\sum C_i$ ；

　　　　C_i——第 i 个功能成本；

　　　　C——总功能成本。

　　由公式（4-3）可知，功能成本系数（C_c）为每项要素的功能目前成本与功能总成本之比。再依据日本东京大学田中教授提出的最适合区域法，建立最适合价值区域图，依据功能重要度系数和功能成本系数建立 XY 直角坐标系，并在此平面上做与 X 轴成 45° 夹角的直线，即价值系数 $V=1$ 的标准线，作为理想状态，标志功能无需进行改进，把位于合适区域（双曲线 $y=\sqrt{x^2+2K}$，$y=\sqrt{x^2-2K}$，$K=5000/n^2$，$n=$ 参与评价选择的对象数量）之外的要素作为进行价值工程活动的对象[6]。

　　由图 4-4 可以看出，"引入天然光"、"降低辐射热"，"改进体育馆外观"位于曲线

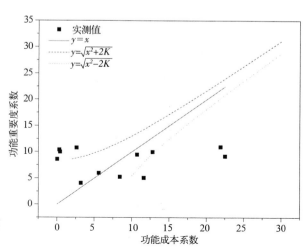

图 4-4　沈阳奥体中心综合体育馆天
然光环境最合适价值区域图

表 4-3

沈阳奥体中心综合体育馆天然光环境功能目前成本模型

品目	总成本（元）	引入天然光	降低眩光	控制天然光入射量	控制天然光入射角度	产生漫射光	降低辐射热	通风换气	降低屋面或围护结构荷载	分隔室内外空间	增强比赛厅美观性	降低照明耗电量	改进体育馆外观
						功能							
西侧自平衡点式玻璃幕墙	456743.8	127888.26					91348.76		36539.5	18269.75	44009.52	65609.0	73079
南侧自平衡点式玻璃幕墙	2063132.48	577677.1					412626.5		165050.6	82525.3	198060.1	297091.1	330101.2
东侧自平衡点式玻璃幕墙	269894.06	75570.34					53978.81		21591.52	10795.76	25909.83	38864.75	43183.05
西侧隐框框架玻璃采光带	120781.6	40260.53					20130.27		3355.04	6710.09	26840.36	13420.18	10065.13
西侧带格栅的隐框框架玻璃采光带	49284.9	16428.3					8214.15		1369.03	2738.05	10952.2	5476.1	4107.08
北侧隐框框架玻璃采光带	85788.8	31606.4					13545.6		2257.6	4515.2	18060.8	9030.4	6772.8
东侧隐框框架玻璃采光带	120781.6	40260.53					20130.27		3355.04	6710.09	26840.36	13420.18	10065.13
南侧电动卷帘	937576.8		104175.2	520876			312525.6						
点式幕墙中空玻璃上悬窗	2675.5	563.26			14602.9	10952.18	352.04	844.89		70.41	422.45	281.63	140.82
西侧隐框框架玻璃幕墙外铝合金格栅	49284.8		4563.41	9126.81			3650.73						6388.77
总计	4155944	910254.7	108738.6	530002.8	14602.9	10952.18	936502.7	844.89	233518.3	132334.7	351095.6	443193.3	483903
功能成本系数	100%	0.219	0.026	0.128	0.004	0.003	0.225	0.0002	0.056	0.032	0.084	0.107	0.116

$y=\sqrt{x^2-2K}$ 的下方，说明沈阳奥体中心综合体育馆为满足这 3 个功能花费了较高的成本，甚至是过多的成本，尤其是"引入天然光"、"降低辐射热"。但是，在比赛厅现场调研中发现，恰恰是由于其选用的技术问题，使天然光入射量不足、不均匀，夏季辐射热较大。"降低眩光"、"产生漫射光"、"控制天然光入射角度"、"通风换气"则位于曲线 $y=\sqrt{x^2+2K}$ 的上方，说明该馆为这 4 个功能付出的成本较低，不能满足场馆对这些功能的需求，致使比赛厅内出现局部过亮、光斑现象，没有主动地控制天然光的入射角度与方式，天然光照度均匀度较低。同时，由于采光口的开启扇设计数量过低，严重影响了比赛厅内部的自然通风换气。

由此可以得出，为了提高沈阳奥体中心综合体育馆天然光环境的价值，对于"引入天然光"、"降低辐射热"，需要通过改进设计方案，在控制全寿命周期成本的基础上，增加对这些功能的满意度；对于"降低眩光"、"产生漫射光"、"控制天然光入射角度"、"通风换气"，则需要通过改进设计方案，加大初始成本投入，在满足必要功能需求的基础上，达到全寿命周期成本的降低。在下一阶段改进方案的设计创意生成的过程中，将以此为依据挖掘相关技术创意，为该项目的最优方案评选做准备。

当我们对整个功能系统中目的级别较高的功能进行研究与优化时，所取得的体育馆天然光环境的价值提高幅度较大。与对较低手段级别的功能进行研究与优化相比，虽然优化方案的提出具有一定的难度，但是它所作用的范围也更大，价值工程的效果也更加明显。因此，在体育馆天然光环境的功能分析中，要明确各功能的级别，尽可能从较高目的级别的功能入手加以优化。

第 5 章　体育馆天然光环境设计的价值优化

　　价值工程不是一种根据现有建筑设计理论来评估设计的方法，而是一种研究方案创新与优选的管理技术和思想方法[6]。麦尔斯 13 条原则中最重要的一条："突破、创新、完善"[69]，可以作为一种以追求价值为目标的创造性工作思维方法，逐步完成体育馆天然光环境设计的方案创造、评价与优化。

　　通过前文的信息收集和功能分析与评价，体育馆天然光环境的各个功能组成部分和相关成本已更加清晰明确，对体育馆天然光环境设计依据的掌握也更加深入。因此，在明确了体育馆天然光环境各个相关功能的改进对象与目标后，基于价值工程的体育馆天然光环境设计就可以进入方案制定阶段了，通过方案的创造、多方案详细评价与优化设计，为方案的建议实施做准备。方案制定阶段的各项作业环节是循环、反复和交叉进行的。在作业实施的过程中需要对方案构思进行层层筛选，以生态化、智能化、经济化、适宜化作为体育馆天然光环境设计优化的发展目标。本章将以沈阳奥体中心综合体育馆为例介绍体育馆天然光环境设计方案制定的全过程。

5.1　体育馆天然光环境设计的方案创造

　　在知识经济时代，创新是社会经济发展的原动力，对它的需求变得比任何时期都更加紧迫与突出。由文森特·拉尔里奥（Vencent Ruggiero）所写的《成为一个判断型的思考者》（Becoming a Critical Thinker）[72]中指出："思维有时候被认为是两种过程的相互协调。一种过程是新想法的产生（创造性思维），它开阔了我们的关注点，使我们考虑更多的可能性。该过程的关键是不要被传统的思维所左右。另一个过程是对想法的评估（评价性思维），它使你的关注点变窄，从而在你所产生的想法中进行挑选，最终确定最合理的想法。"[7]

　　可以说，体育馆天然光环境设计的方案创造过程就是方案创新的过程。在体育馆天然光环境设计的方案创造阶段，需要利用创新性思维方法，克服建筑师习惯于遵循传统设计方法的思想障碍，根据功能价值分析与功能评价的结果，创造出可实现方案所需必要功能的设计创意，再对其进行概略评判，将具有可行性的设计创意细化成为具有可操作性的、详细的多个可替代方案，达到在全寿命周期内完成以最低的成本实现必要功能的设计目的。

5.1.1　项目的设计前期

可持续发展的建筑设计准则指出："由设计组在早期设计阶段提供简要咨询；阐明性能目标和战略，在全过程中不断修订；运用能源模型来提供较为客观的有关性能的关键的信息，编制有关主要步骤和再次过程中提出问题的文件等。"[73] 在体育馆天然光环境设计的前期阶段，需要根据业主投标（任务书）要求，确定它的设计目标、功能需求和技术难题。

5.1.1.1　项目任务书

作为体育馆天然光环境设计的基本书件——项目任务书，在其制定的过程中，由于设计项目的业主（或是上级主管领导等决策者）对体育馆建筑设计的功能、技术、经济等相关专业化知识要素的掌握可能具有局限性，或是对于相关的信息资料准备不充分，为了获得更加深入的、具有可执行性的项目任务书，要求建筑师等项目设计团队成员在设计工作开始之前，积极了解体育馆比赛厅对光环境的需求和建筑场地现状条件，运用自身所掌握的专业技术知识和信息资源，积极参与、主动帮助业主（或是上级主管领导等决策者）制定设计项目任务书。为了更加深入地研究体育馆天然光环境设计最优方案的生成过程，现以沈阳奥林匹克体育中心综合体育馆天然光环境设计为例，进行具体、细致的分析论述。它的项目任务书由以下几部分组成：

（1）项目概况

沈阳奥体中心建于沈阳市浑南新区，中心坐标为东经 123°27′22″、北纬 41°44′13″，富民街以西，浑河大街以东，浑南大道以北，规划道路浑南四路、浑南五路以南。总体规划用地 53.59hm²（红线内 42.95hm²），总建筑面积 26 万 m²。其中，体育馆包括可容纳 10000 人的比赛厅及训练馆、体操热身训练场、乒乓球训练馆、篮排球训练馆、羽毛球训练馆及配套设施，总建筑面积 67981m²，是沈阳奥体中心承建大型体育活动的场馆之一，建成后将与 2008 年北京奥运会足球比赛场馆及游泳馆、网球馆遥相呼应，并将作为 2013 年第 12 届全国运动会的主要比赛场馆。体育馆主馆的功能为举办开幕式、闭幕式、室内运动（包括球类、体操、花样滑冰等）比赛、大型室内文艺演出、集会、展览及平时大众体育锻炼与健身等。

（2）建设目标和实施原则

沈阳奥体中心综合体育馆是沈阳市为 2013 年第 12 届全国运动会篮球等热门比赛兴建的重点体育设施项目，也为沈阳市以后承接国内外高标准的运动盛会在硬件上奠定了坚实的基础。在沈阳市的浑南新区的核心区建设一个环境优雅、造型独特、绿色节能、生态环保、设施先进、功能完备，具有时代高新科技特征的、国内一流的，基本能够承办国内外综合性体育赛事的综合性体育馆。本设计是为了最大限度地提高体育馆天然光环境的价值，降低全寿命周期成本。

项目实施的指导原则为满足"节地、节水、节能、节材，促进循环经济发展"的使用要求，满足规定的各种规范、指标要求，采用成熟的技术和已经验证过的设备，满足国内规范约束下的实现可能性，项目全寿命周期内便于运营与维修，使项目最终实现"功能完善、环境优化、特色鲜明、以人为本、模式创新、过程经济、项目最优"的建设目标。项目总概算为528524908元，单位面积投资为7774.6元。其中，外立面及屋面工程的概算总价为87340934元，单位面积成本为1284.78元。

（3）项目的自然条件

沈阳地区处于北温带亚洲气候区的北缘，属受季风影响的半湿润暖温大陆性气候。由于受大陆性和海洋性气团控制，四季分明，冬、夏季较长，春、秋季节较短。其特征为冬季漫长寒冷，春季多风干燥，夏季炎热多雨，秋季湿润凉爽。浑南新区地处沈阳市南部，土地平整，光照充足，温差较大，雨量和温度适宜。

浑河流域沈阳气象站的多年气象资料如下：年平均气温在8.9℃左右，历史最高气温为38.3℃，发生在7月份；最低气温为-30.6℃，发生在1月份。年平均日照时数为2554小时，最多在5月，266小时／月；最少在12月，156小时／月。一般夏季以东南风为主，冬季以西北风为主。

（4）利益相关者的期望

该项目建设要充分体现建筑风格，达到结构合理、功能完善、安全可靠、经济实用。设计理念是：最大化地满足建筑独特的立面效果，并合理推荐、选用结构、材料；充分考虑围护结构的功能性、经济合理性，有效控制工程成本，使效果、功能、造价趋于平衡；应用成熟结构、新技术、新材料、新工艺，使工程具有鲜明的个性，突出社会宣传的亮点。

5.1.1.2　评价依据与标准

评价依据与标准提供了提高体育馆天然光环境性能的主要目标。对于影响体育馆天然光环境价值研究结果的所有与项目相关的约束条件，建筑师都要有基本的了解，例如政治因素、投资与回报、规范标准和法律法规等。除此之外，还需走访体育馆的业主、使用者、运营方等各方利益相关者，咨询了解设计项目的相关信息，了解他们对体育馆天然光环境的期望。

在对多个可替代方案开始综合评价工作之前，要选择合适的评价依据与标准。在进行信息的收集时（参见本书第三章），已将体育馆光环境的技术指标作为设计的限制条件加以明确，但是，这些技术依据与标准还需要根据实际设计项目的不同市场定位，具体问题具体分析，进行适当的选取，过分僵化地执行各类技术指标只会造成体育馆天然光环境价值的损耗。同时，需要强调的是，由于体育馆的多功能性，不同体育运动项目所要求的比赛场地高度和大小都不相同，使用功能级别与运动等级也有所不同，这些因素都说明以一个照明标准来评价天然光环境设计方案是不正确的。

因此，进行具体项目的天然光环境设计要从实际需求出发，选定评价依据与标准。在进行一项具体的体育馆天然光环境设计时，建筑师和业主关注于如何节省建造成本，而运营方则关注于如何节约运营与维修成本，可见体育馆的客户群体对天然光环境设计的评价标准是有差异的。因此，体育馆天然光环境设计的多方案综合评价标准，是在建筑师提出的基础上，由体育馆的使用者、业主和运营方共同决定的。

5.1.1.3　项目设计分析

体育馆建筑工程的规模较大、建造投资巨大且有限定、效益回收期较长，其天然光环境设计大多受到设计、建造等初始成本和投资回报因素的影响与驱动。单单为了能源成本的降低而牺牲体育馆客户群的利益是行不通的，只有以较低的全寿命周期成本对多方利益进行协调，将经济要素作为体育馆天然光环境设计的重要目标之一，才可以创造更大的体育馆天然光环境价值，使其具有强劲的市场竞争力。

作为特殊的大空间公共建筑，体育馆天然光环境设计不同于其他类型的公共建筑天然光环境设计，比赛厅内部功能相对复杂，除进行体育运动之外，还兼具文艺演出、展览和集会等功能。它在对屋盖结构、支撑结构和围护结构的构造、材料、控制设备等技术都有较高要求的基础上，还需要在建筑的空间造型上不断突破传统、追求创新，实现建筑技术美学的不断提升。通过对已建成的沈阳奥体中心综合体育馆等我国部分体育馆的天然光环境与运营现状的调研（参见 3.1），了解采光口结构与维护材料、设备的选用情况以及体育馆的运营现状（使用情况、客户意见反馈）等，再将已建成方案与备选方案进行比较，可以更好地对调研案例进行评价与结果分析。

在开始天然光环境设计之前，首先要掌握体育馆的客户对天然采光的需求、体育工艺技术要求以及体育馆设计的整体方案创意。应对体育馆进行合理的规划和整体设计，与城市建设的发展相适应，充分考虑多功能适用和城市载体作用。在体育馆的总体规划设计中，应充分分析区域社会历史文化、城市规划与周边环境、地理纬度与建设用地的地形等多方面因素的权重，以综合确定体育馆的朝向、高度与长度以及与周边建筑的最小日照间距，从而保证不受周边建筑物的遮挡，又避免东西向的天然光直射。

在此基础上，通过运用多样化的设计形式，从建筑造型、热工性能等方面加以考虑，确定采光口的形式、朝向、位置、面积、数量、构造、材料等设计要素，选取适当的控光、滤光技术，尽量避免天然采光的负面效应，综合地进行体育馆天然光环境设计，以实现天然采光的处理手法将形态、材料、构造方法、施工工艺、细部节点及美学表现等因素融为一体，做到与体育馆周边环境、整体造型、比赛厅内部环境的和谐统一、有机共生。

5.1.2　设计创意的生成

为了设计出综合意义上的高品质体育馆天然光环境，获得高质量的最优方案，建筑师必须在相关的技术知识领域里应用创造性思维，采用多种有效的思维方式，打破传统设计方法的束缚，寻求富有创造性的设计创意，为体育馆天然光环境设计积累多方面的、深入的设计方案素材以供评判与取舍。在以往的设计实践中，建筑师凭借自身的专业知识与设计经验，经常把创意思考与设计判断两个步骤同步进行，大量地减少了设计构想的产生与积累。因此，建筑师在进行创意思考时，需要摒弃保守的设计思想，最大限度地发挥自身的创造力。对于那些新颖的、完全不同于以往的设计构想更要加以重视，在生成设计创意期间评价每一个创意构思。除此之外，还需清醒地认识到自身的内在因素与社会的外部因素都会影响到创造力的发挥，在获得具有创新性设计构想的同时，有时也会产生一些错误的结果。

在设计方案的创意生成过程中，需要借助本书4.4.2中通过功能系统分析所取得的体育馆天然光环境功能系统图，以实现体育馆天然光环境的必要功能为目的，依据4.4.3中所得出的沈阳奥体中心综合体育馆天然光环境最合适价值区域图中所反映的功能与成本之间的对应关系，对功能的性能加以改进。将FAST图中改进空间与效果较大的上位功能——"引入天然光"作为优先分析对象，再由上到下逐次分析下位功能——"产生漫射光"、"降低辐射热"、"降低眩光"、"通风换气"、"控制天然光入射角度"等的实现手段。通过收集大量与设计相关的采光口结构、材料和智能控制等技术创意，在技术上生成可替代的设计创意，以获得更多的解决方案，并在此阶段加以概略的评价与判断。

5.1.2.1　天然采光技术创意

体育馆天然光环境设计要做到有效地利用天然光、争取冬季体育馆比赛厅的日照时间和在夏季阻挡强烈的太阳辐射热。具体分析天然采光的日照时间、入射面积及其照射的变化范围，既要保证体育馆内比赛场地最低限度的照度标准值，又要避免天然光的过量入射。

由于在体育馆中所进行的体育项目多是围绕比赛厅中心区场地的地面运动的，它们的技术特征决定了比赛场地地面水平照度的重要地位，并要求地面和与地面一定距离的空间内的入射光的照度均匀度尽量高。因此，在生成天然采光技术创意时，除了要满足场馆运营的安全疏散照明外，需要重点解决的是比赛场地的体育功能照明（表5-1）。

天然采光技术创意 表 5-1

序号	创意形式	具体应用	案例	案例图片
1	高侧窗	根据沈阳奥体中心综合体育馆内的功能空间布局，保证比赛场地四周 10000 座观众席，侧面采光口的位置选择在高于观众席区的外墙上。高侧窗的朝向可以为单向、双向或是多向的。高侧窗的角度也可以加以改变，可以是垂直的，也可以是外斜侧窗、内斜侧窗	意大利罗马奥林匹克小体育馆[55]，在由预制（PCa）快硬混凝土构成的穹顶与看台之间的屋盖结构延续部分设置高侧窗，在比赛厅上空形成锯齿形光环，诱导比赛厅内外空间相互沟通	
2	玻璃幕墙	比赛厅南向侧墙为该体育馆的建筑主立面，为了呼应相邻体育场、游泳馆的建筑造型，比赛厅南向侧墙高于其他各面，使比赛厅空间形成南高北低的形态，拥有更大的面积设置采光口，形成玻璃幕墙。玻璃幕墙可以是垂直的，也可以是外倾斜的、内倾斜的，或是采用隔热玻璃幕墙形成热通道玻璃幕墙	日本小国町民体育馆[74]在比赛厅的南、北两侧设置了内倾斜的玻璃幕墙，以获得天然漫射光	
3	顶向天然采光	该体育馆的屋面造型与游泳馆相呼应，呈曲率较小的单曲空间桁架钢结构体系，金属板罩面。具有设置采光天窗的有利条件，可以根据天窗与屋面结构所成角度的不同，设置水平或是近似水平的天窗、垂直天窗、倾斜天窗。采光天窗的形式可以为梭形、带状、矩形等多种形式	日本福冈县立综合游泳馆[74]，在曲面坡屋顶的折脊位置设置东西向的梭形采光带，在其下方配有横向遮光百叶，将天然光散射到比赛厅内	

5.1.2.2 采光口结构技术创意

对于大空间体育建筑，解决大空间的覆盖问题已实属不易，进而要求开窗打洞、随意开合，难度更大。但是近年来许多体育馆为了营造良好的室内光环境，使光线洒满室内，都在屋盖结构部分进行了大胆探索，设计出了各种形式的大面积采光窗。不同屋盖结构形式的选择会对天然光入射产生不同的影响，还会对体育馆天然光环境设计的全寿命周期成本起到重要的决定作用。因此，结构技术的选型不但要依据体育馆的整体造型、内部空间设计，还要考虑到天然采光设计具体措施的有效实施（表 5-2）。

采光口结构技术创意　　　　　　　　　　　　　　　　　　　　表5-2

序号	创意形式	具体应用	案例	案例图片
1	利用屋面结构组合空隙	该体育馆的屋面为双向空间桁架钢结构体系，在垂直相交的结构空隙间设置采光口，以透光材料代替金属板罩面。同时，可以在相邻的桁架之间敷设遮光、光回复与光偏转设施，避免造成结构构造之间的相互影响	澳大利亚悉尼国际水上运动中心 [75]，屋顶天窗采用了双面镀膜玻璃，尽量减少冬季的热损失	
2	全透射屋顶	将屋面的三层金属板罩面替换为膜材、阳光板等透光材料，达到屋顶的全天光效果	日本早稻田大学游泳馆 [66] 白天可以将天然光直接引入体育馆内，营造回归自然、以人为本的比赛厅空间与光环境	
3	可开闭屋盖结构	对屋面结构进行改进，对部分桁架结构加设可动机械和自动调节控制设备，通过移动、旋转、叠合以及多种形式的组合，而不用在屋面覆盖透光材料，使体育馆真正地融入到自然环境中	日本兵库县的但马穹顶 [55]，在北侧镀锌合金板的凸凹屋顶面上设有屋顶侧面采光区，即使是阴天，没有照明，也能保证500lx的光照度。在南侧为具有放射状折皱的扇形膜结构屋面，可以利用旋转滑动方式将膜屋面开启，使远处的群山与比赛厅融为一体	

5.1.2.3　光导向技术创意

太阳光是动态光源，由于其照射角随着四季交替产生变化会使天然光的光照强度不断改变，同时东西向的太阳光照射又易使比赛厅内的热辐射量过高。因此，光导向技术就尤为重要。运用光导向技术时，不但要保证比赛厅与天然光之间的视觉连续性，还要保证进入比赛厅内的天然光适足性，它是防止体育馆比赛厅内出现眩光和局部过热现象的必要手段。在对光导向技术进行选择时，需要根据体育馆所在区域的气候特点和采光口所处的朝向，结合体育馆的结构与装饰构件的处理加以设计（表5-3）。

光导向技术创意　　　　　　　　　　　　　　　　　　　表 5-3

序号	创意形式	具体应用	案例	案例图片
1	建筑内遮光系统	在比赛厅屋面与侧墙采光口的内侧加设遮阳帘或百叶，最大限度地减少天然光的直接照射	中国农业大学体育馆在屋面的垂直天窗内加设了可以进行电动控制的深色遮阳帘，可以满足彩色电视转播对比赛厅人工光环境的需求	
2	建筑外遮光系统	在比赛厅屋面与侧墙采光口的外侧加设百叶或挑檐等外遮光系统，控制天然光的入射量，以避免比赛厅内过热	深圳游泳跳水馆受地域气候特征影响，在建筑玻璃幕墙外侧设置了出挑深远的挑檐和固定式遮阳百叶，以较少直射天然光的入射量，抵御太阳能的热辐射	
3	建筑自遮光系统	在透光材料的自身结构中加设遮光设施，作为一个设计整体加以考虑	德国英格尔施塔特（Ingolstadt）的奥迪信息发布中心展示大厅[11]，装有日光偏转玻璃的 2000m² 的顶棚具有一定的回复反射功能，还可进行少量的通风换气，是一栋完全无空调设备的建筑物	
4	光回复技术	在透光材料的内侧加设回复性结构，通过回复反射原理获得漫射光，还可避免局部过热对体育馆光环境质量的负面影响	日本酒田市国体纪念体育馆[55]，通过檐口的光导向性能将天然光柔和地反射到反光性能较好的屋顶平面，再由屋顶间接照明完成比赛厅光线的多次反射，将天然光漫射到比赛厅的各个角落	
5	日光偏转技术	在选择体育馆屋盖和直接与外界接触的侧墙上的遮光系统时，可将日光偏转技术一并进行综合设计	德国国会大厦采用了双层穹顶，在其上层穹顶的中心设置了外层贴有 360 面镜子的锥形漏斗，可以将天然光反射到下层穹顶内的议会大厅中	
6	光传导技术	在体育馆屋面的结构缝隙间加设光传导设备（如导光管），在传导天然光的同时，抵御外界的热辐射	北京科技大学体育馆充分考虑了赛时与赛后的场馆综合利用和北京地区丰富的日照资源，没有采用常规手法在距地面高度为 25m 的平面网架结构屋面上加设采光口来引入天然光，而是使用了 148 套可调光式导光管照明系统，配套使用了漫射器和日光调节器，全套系统通过 8m 长的光导管将天然光从光线漫射的位置均匀地传输到相距 17m 的比赛厅地面	

5.1.2.4 材料技术创意

有效地控制太阳能和提高隔热保温能力以阻止温差传热是生成材料技术创意首要考虑的设计依据。随着新型建筑材料的不断出现以及建筑师对建筑材料理解的不断深化与创新，使得能够满足相同必要功能的可替代材料技术要比可替代结构技术的种类更多，因为无论是结构技术还是设备控制技术，都需要材料技术作为得以实现的重要创新支持。它不但对设计方案的成本产生影响，也会对设计方案的施工工艺、空间造型、光环境审美等方面产生影响（表 5-4）。同时，节能玻璃性能不断提高，可供建筑师选择的范围也在不断扩大。

材料技术创意 表5-4

序号	创意形式	具体应用	案例	案例图片
1	膜材	屋面结构以膜材进行覆盖，或是在其表面加印图案、"镀点"等，使体育馆内充满外界的漫透射光，无反差强烈的受光面和背光面之分。它能均衡地散射，从而创造一个无眩光的、明亮的室内环境	美国桑德体育馆[56]的薄膜屋盖放置在渐次升高的支柱上构成有几何动感与活跃的不对称布局，营造了明亮自然的比赛空间环境	
2	Low-E 玻璃	用 Low-E 玻璃作为比赛厅屋面与侧墙上采光口的透光材料，保持比赛厅内温度，较少与外界的热辐射传导	中国国家体育馆的采光天窗和玻璃幕墙采用了先进的 Low-E 玻璃，降低了场馆室内外之间的热传导，消除了强反射与强光污染	
3	热反射玻璃	用热反射玻璃作为比赛厅屋面与侧墙上采光口的透光材料，或是在普通玻璃表面印刷图案、"镀点"等，以达到将太阳能反射到大气的目的	北京科技大学体育馆的侧面采光窗采用了印有镀点的热反射玻璃，在降低天然光入射量的同时，阻隔室内外之间的热传导	
4	偏光玻璃	以偏光玻璃作为比赛厅屋面与侧墙上采光口的透光材料，通过折射、透射、反射等光学手段获得漫射光	日本大阪海洋博物馆[76]中的大部分玻璃板都采用了遮阳处理，两块 15mm 厚的玻璃片中间夹有一层穿孔电镀钢板，根据一年中各个重要阶段日照的状况计算日照路线布置，穿孔密度为 10% ～ 100% 不等，以控制渗入的阳光，屏蔽掉直射光，并将空调要求降至最低，获得了透明和节能的完美结合	

续表

序号	创意形式	具体应用	案例	案例图片
5	隔热玻璃	以隔热玻璃作为比赛厅屋面与侧墙上采光口的透光材料，通过双层玻璃之间的气体层来减少热的对流与传导	德国科隆的 ag4 mediatecture 公司设计的代理处大楼[11]的南侧，在双层玻璃之间垂直放置一种透明隔热材料作为建筑外围护结构。这种透明隔热材料是由大量的小型半透明玻璃或塑料管组成的毛状结构，它可以利用最小的热传输系数来提供一个较高的光传输系数	
6	棱镜类阳光产品	用棱镜类阳光产品，或是与其他透光材料进行组合，作为天然光进入比赛厅的透光介质，以获得漫射光	厦门体育馆的设计中使用了棱镜折光板[77]，天窗下面悬挂瓦棱纹为东西向的棱镜折光板[24]	

5.1.2.5　智能调节控制技术创意

体育馆天然光环境的智能调节控制是运用智能调节控制技术灵活、合理地控制比赛厅天然光环境。作为先进的体育馆天然光环境优化设计的重要组成部分，通过对外围护结构、光导向技术的智能调节，配合以整个体育馆技术设备之间的智能配合与综合布控，对天然光进行适宜的、有效的和高质量的利用。它可以满足体育馆天然光环境的人性化与社会化需求，满足使用者的生理、心理与舒适度的需求，从而达到对天然采光技术的优化效果。应从使用者的行为心理出发，研究不同群体、不同体育项目与不同时间的功能活动差异，并根据这些差异生成该项目的智能调节控制技术创意（表 5-5）。

智能调节控制技术创意　　　　　　　　　　　　　　　　　　　　表 5-5

序号	创意形式	具体应用	案例	案例图片
1	内遮光自动控制技术	在比赛厅内部遮光帘或百叶上加设自动调节控制设备，以完成对可动遮光设施的环境应变操作。可调节遮光系统在天然光照射过强或是有特殊比赛需要时，对遮光系统进行可控调节甚至完全关闭，以人工照明代替天然光照明	德国国会大厦采用了双层穹顶，在其上层穹顶的内部设置了自动跟踪式遮光装置，可以根据太阳光的运动轨迹调整遮阳装置的方位，阻止直射光进入公共大厅	

续表

序号	创意形式	具体应用	案例	案例图片
2	外遮光自动控制技术	为了建筑节能效果的提高,可将多种遮光技术结合进行综合利用。在比赛厅外部遮光设施上加设自动调节控制设备,以调节采光天窗的开启角度,或是自动变换遮阳板的方向,以获得散射的天然光,可以满足在体育馆这种大型公共建筑中侧向大面积玻璃幕墙结构的遮光需要	德国柏林的北欧五国大使馆,在玻璃幕墙的外侧安装了具有电动控制装置的水平遮阳百叶,可根据天气情况的变化调节百叶的角度,避免了眩光、局部过热和局部过亮等不良现象的产生	
3	自遮光自动控制技术	采光材料自身敷设自动调节控制设备,以完成对比赛厅光环境的应变操作	法国巴黎的阿拉伯世界文化中心,其南面外墙设有类似照相机光圈的光电控光装置("穆沙拉比叶"),通过内部机械驱动几何空洞的开合,根据天气阴晴调节进入室内的天然光入射量	
4	智能可调节型围护结构	根据外界气候环境的变化,通过自动控制系统对比赛厅外围护结构的可动调节(可开闭屋盖结构和可开闭外墙结构等),对自动调节采光口的保温、通风与天然光,设置可开启扇,有效地调节比赛厅内微气候	上海旗忠网球中心[78]的屋盖是由八片"花瓣"组成的可开闭屋盖结构,采用了一种冗余控制系统,在系统失灵时,可变自动为手动,以保证屋盖结构的安全性	

5.1.3 设计创意的概略评判

设计创意的概略评判是对体育馆天然光环境设计在方案创造阶段生成的若干设计创意的粗略评价,目的是筛选出可提高设计价值的创意构思,作为制定可替代方案的基础储备,以减少下一阶段多方案综合评价的工作量。概略评判多采用定性评判的方法,针对设计创意实现条件的客观性与现实性进行判断,分析设计创意的可行性。

在方案构思阶段,为了增加方案创造与方案改进的潜力,需要尽可能地提高设计创意的广泛性与创新性。这就会造成部分生成的创意构思缺少客观性、可操作性与应用性。通过对体育馆天然光环境设计创意的概略判断,可以对这些创意进行初步筛选,对它的可行性进行粗略评估,剔除那部分明显不可行的创意,对创意所满足的功能本质与核心进行验证,以确定设计创意的有效程度,并对每一个创意是否具备进一步发展和完善成为备选方案的基本潜力给出全面、客观的评价。表5-6~表5-10是对上

天然采光技术创意的概略评判　　　　　　　　　　　　　　　表 5-6

序号	创意形式	具体应用	概略评判
1	高侧窗	根据该馆内的功能空间布局，保证比赛场地四周10000 座观众席，侧面采光口的位置选择在高于观众席区的外墙上。高侧窗的朝向可以为单向、双向或是多向的。高侧窗的角度也可以加以变化，可以是垂直的，也可以是外斜侧窗、内斜侧窗	研究表明，采用多方向侧窗的体育馆与单方面设置侧窗的体育馆相比，可以获得更大的照度与照度均匀度，而该体育馆的四面外墙都有条件设置高侧窗
2	玻璃幕墙	比赛厅南向侧墙为该体育馆的建筑主立面，正对场地规划的主入口。为了呼应相邻体育场、游泳馆的建筑造型，比赛厅南向侧墙高于其他各面，使比赛厅空间形成南高北低的形态。使其拥有更大的面积设置采光口，形成玻璃幕墙。玻璃幕墙可以是垂直的，也可以是外倾斜的、内倾斜的，或是采用隔热玻璃幕墙形成热通道玻璃幕墙	在满足比赛厅功能空间的基础上，可以设置玻璃幕墙与奥体中心建筑造型相呼应，但是容易产生眩光和光幕反射等负面效果
3	顶向天然采光	该体育馆的屋面造型与游泳馆相呼应，呈曲率较小的单曲空间桁架钢结构体系，金属板罩面。具有设置采光天窗的有利条件，可以根据天窗与屋面结构所成角度的不同，设置水平或是近似水平的天窗、垂直天窗、倾斜天窗。采光天窗的形式可以为棱形、带状、矩形等多种形式	面积巨大的体育馆屋盖结构，为开设顶向天然采光口创造了物质条件。采用顶向天然采光可以解决单侧窗采光所引起的比赛厅内深处照度急剧衰减、比赛厅内照度不均匀等问题，但是，在顶向天然采光的施工工艺、控制通风换气的开启功能、防止灰尘堆积和防止雨水渗漏等方面都有很大的难度

采光口结构技术创意的概略评判　　　　　　　　　　　　　　表 5-7

序号	创意形式	具体应用	概略评判
1	利用屋面结构组合空隙	该体育馆的屋面为双向空间桁架钢结构体系，在垂直相交的结构空隙间设置采光口，以透光材料代替金属板罩面。同时，可以在相邻的桁架之间敷设遮光、光回复与光偏转设施，避免造成结构构造之间的相互影响	现有的体育馆屋盖方案为一个完整的钢结构体系，结构之间没有高差变化，缺少开设采光口的组合空隙
2	全透射屋顶	将屋面的三层金属板罩面替换为膜材、阳光板等透光材料，达到屋顶的全天光效果	体育馆屋盖结构为大面积覆盖透光材料提供了客观可能。但由于夏季直射光大面积射入比赛厅内，形成了比较大的夏季热负荷
3	可开闭屋盖结构	对屋面结构进行改造，对部分桁架结构加设可动机械和自动调节控制设备，通过屋盖的移动、旋转、叠合以及多种形式的组合，使体育馆真正地融入到自然环境中	作为政府组织兴建的项目，投资金额有限，本着为大型公共建筑项目"瘦身"的建设目标，从设计方案自身特点入手，不建议采用投资较大、技术复杂性较高的可开闭屋盖结构方案

光导向技术创意的概略评判　　　　　　　　　　　　　　　　　　表 5-8

序号	创意形式	具体应用	概略评判
1	建筑内遮光系统	在比赛厅屋面与侧墙采光口的内侧加设遮阳帘或百叶，最大限度地减少天然光的直接照射	建筑内遮光系统的安装、使用和维修都较为简单，投资较少，在体育馆的遮光设计中应用较多
2	建筑外遮光系统	在比赛厅屋面与侧墙采光口的外侧加设挑檐、百叶、格栅和挡板等外遮光系统，控制天然光的入射量，以避免比赛厅内过热。针对该体育馆的地理位置、朝向与功能用途，选取水平式、垂直式或综合式的遮光系统	在体育馆的屋顶和侧面采光口设置建筑外遮光系统，不但满足控光、滤光的采光需求，还可以深化建筑造型与细部构造，在体育馆的遮光设计中应用较多
3	建筑自遮光系统	在透光材料的自身结构中加设遮光设施，作为一个设计整体加以考虑	建筑自遮光系统可以通过隔热玻璃、偏光玻璃、微型百叶、棱镜类阳光产品等材料的整合实现，目前，在国内建筑中应用的实例较少
4	光回复技术	在透光材料的内侧加设回复性结构，通过回复反射原理获得漫射光，还可避免局部过热对体育馆光环境质量的负面影响	新型回复技术与传统的遮光技术相比，在节能和经济方面都有着显著的优势
5	日光偏转技术	在选择体育馆屋盖和直接与外界接触的侧墙上的遮光系统时，可引入日光偏转技术进行综合设计	日光偏转技术通过选用偏光玻璃、棱镜类阳光产品等材料得以实现，其作为体育馆天然光环境设计的生态策略，大大提升了体育馆比赛厅光环境的生态价值
6	光传导技术	在体育馆屋面的结构缝隙间加设光传导设备（如导光管），在传导天然光的同时，抵御外界的热辐射	由于结构比较简单、造价相对较低、采光效果好等因素，光传导技术被越来越多地应用于公共和民用建筑中。但是，该体育馆的比赛厅高度超过40m，天然光传导的距离过远，会削减到达比赛场地的天然光照度值

材料技术创意的概略评判　　　　　　　　　　　　　　　　　　表 5-9

序号	创意形式	具体应用	概略评判
1	膜材	屋面结构以膜材进行覆盖，或是在其表面加印图案、"镀点"等，使体育馆内充满外界的漫透射光，无反差强烈的受光面和背光面之分。它能均衡地散射，从而创造一个无眩光的、明亮的室内环境	膜材应用常常受到结构形式的局限，造价较高而使用寿命相对较短。该体育馆屋盖结构为大面积覆盖膜材提供了客观可能。另一方面，由于膜材普遍隔声、隔热效果欠佳，采用这种采光材料的体育馆也存在着隔声、隔热问题（如广州体育馆）
2	Low-E玻璃	用Low-E玻璃作为比赛厅屋面与侧墙上采光口的透光材料，保持比赛厅内温度，较少与外界的热辐射传导	体育馆屋盖与侧面围护结构为安装Low-E玻璃提供了客观可能

续表

序号	创意形式	具体应用	概略评判
3	热反射玻璃	用热反射玻璃作为比赛厅屋面与侧墙上采光口的透光材料，或是在普通玻璃表面印刷图案、"镀点"等，以达到反射太阳能的目的	热反射玻璃在对太阳能具有高反射率的同时，会使可见光的透射率有所降低，这会影响体育馆内的天然光透射系数。设定它的反射系数要具体项目具体分析，以免引起光效不足和光污染等问题
4	偏光玻璃	以偏光玻璃作为比赛厅屋面与侧墙上采光口的透光材料，通过折射、透射、反射等光学手段获得漫射光	偏光玻璃具有透过率高、化学与热稳定性好、机械强度大、容易切割等优点，但是在国内建筑中的实际应用与效果反馈较少
5	隔热玻璃	以隔热玻璃作为比赛厅屋面与侧墙上采光口的透光材料，通过双层玻璃之间的气体层来减少热的对流与传导	隔热玻璃幕墙的一次性建设投资较大，但是可以增加比赛厅空间热舒适度，降低体育馆的运营能耗，节约运营成本，实现建筑的生态节能。它比传统的玻璃幕墙采暖时节约能源42% ~ 52%，制冷时节约能源38% ~ 60%[79]
6	棱镜类阳光产品	用棱镜类阳光产品，或是与其他透光材料进行组合，作为天然光进入比赛厅的透光介质，以获得漫射光	棱镜类阳光产品可以与日光偏转技术相配合完成对天然光入射角度的控制，受材料生产工艺与造价的限制，在国内建筑中的实际应用与效果反馈较少

智能调节控制技术创意的概略评判　　　　　　表 5—10

序号	创意形式	具体应用	概略评判
1	内遮光自动控制技术	在比赛厅内部遮光帘或百叶上加设自动调节控制设备，以完成对可动遮光设施的环境应变操作	体育馆比赛厅空间尺度较大，采光口的位置大部分都相对较高，应用自动控制技术，可提高遮光帘、遮光百叶的可操作性和安全性
2	外遮光自动控制技术	在比赛厅外部遮光设施上加设自动调节控制设备，以调节采光天窗的开启角度，或是自动变换遮阳板的方向，以获得散射的天然光，可以满足体育馆中侧向大面积玻璃幕墙结构的遮光需要	体育馆外遮光设施一般安装的位置较高，为了实现它的灵活性与可操作性，需要通过自动控制技术得以实现
3	自遮光自动控制技术	采光材料自身敷设自动调节控制设备，以完成对比赛厅光环境的应变操作	自遮光自动控制技术一般与光回复技术和日光偏转技术相配合，进行整体设计，作为新型技术，应用前景广泛，但造价也相对较高
4	智能可调节型维护结构	根据外界气候环境的变化，通过自动控制系统对比赛厅外围护结构的可动调节（可开闭屋盖结构和可开闭外墙结构等），有效地调节比赛厅内微气候	智能可调节型围护结构是通过自动控制技术来驱动可开闭屋盖结构和可开闭外墙结构，作为一种具有高技术性的复合式机械结构，对设计和施工都有很高的要求

文以沈阳奥体中心综合体育馆为例的不同改进设计创意的概略评判。概略评判还要保证方便、快捷的可操作性，对于那些可能具有预计价值但又尚不完善的设计创意，不可轻易加以否定、筛除，应将它们分析整合成可替代方案，在下一阶段的详细评价中进行取舍。

需要指出的是，生成设计创意与概略评判设计创意，是两个相对独立的价值工程作业实施步骤。建筑师往往根据知识与经验在设计创意产生阶段就对其进行取舍判断，而要想充分地实现这些设计创意，这两个步骤必须完全分离。该阶段的概略评判，是对设计创意的初步整体可行性判断，它判断的限制条件相对宽泛，是为了尽可能地拓宽设计思路，扩大方案创意的归纳范围，更多地获取具有整体性、可操作性，相对客观的设计可替代方案。

5.1.4 设计的多方案生成

设计的多方案生成是在初步的概略评判后，对保留下来的、具有可行性的设计创意做出简略概括，再根据实际设计项目的市场定位、客户需求与技术要求，把方案创意的具体实现条件进行细化与整合，形成具有可操作性的多种可替代方案。体育馆天然光环境设计的多方案生成与评价，是体育馆天然光环境降低全寿命周期成本，获得更高价值的最有效方法之一。通过前期相关设计信息的收集，功能的分析与整理以及形成能够满足客户需求的功能系统图，使设计的多方案生成得以实现。

在具体操作时，不但要对传统设计方法中的优秀成果加以继承与借鉴，还要对体育馆天然光环境各功能实现手段进行实验性的重新组合，以产生新的、多角度的创意思考。将实现客户所需功能作为创意思考的基线，时刻防止过剩功能的形成，在全寿命周期范围内，寻求低成本的功能实现手段，并对其中相近似的手段加以整合。

5.1.4.1 设计创意的取舍

在对设计创意概略评判后，需要根据具体体育馆天然光环境设计项目的实际情况，对设计创意的保留与否进行最后确定，再对通过概略评判后发现存在"不完善、有缺陷、需改进"等问题的设计创意以及看似没有关联的设计创意进行整合，产生解决问题的新思路和新方案（表5-11）。

沈阳奥体中心综合体育馆设计创意的取舍

表5-11

创意类型	创意形式	取	舍
天然采光技术创意	高侧窗	■	
	玻璃幕墙	■	
	顶向天然采光	■	

续表

创意类型	创意形式	取	舍
采光口结构技术创意	利用屋面结构组合空隙	■	
	全透射屋顶	■	
	可开闭屋盖结构		■
材料技术创意	膜材	■	
	Low-E 玻璃	■	
	热反射玻璃	■	
	偏光玻璃	■	
	隔热玻璃	■	
	棱镜类阳光产品	■	
光导向技术创意	建筑内遮光系统	■	
	建筑外遮光系统	■	
	建筑自遮光系统	■	
	光回复技术		■
	日光偏转技术	■	·
	光传导技术		■
智能控制技术创意	内遮光自动控制技术	■	
	外遮光自动控制技术	■	
	自遮光自动控制技术		■
	智能可调节型围护结构		■

5.1.4.2　可替代方案的生成

在相关技术信息收集的基础上，改进这些保留的设计创意，对于那些能够满足功能要求，与其他设计创意相比具有明显的技术优越性的设计创意构思，即可认定为是具有一定深入发展潜力的较好方案，可通过设计革新获得可替代方案。另外，还可将那些具有借鉴意义的、客观可行的设计创意局部构思归纳整理为必要功能的实现手段。在多方案生成的过程中，"同一功能的不同实现方式"和"这些实现方式所要付出的成本"，应作为建筑师需要时刻加以考虑的首要问题，对每一个方案的生成起到决定性作用。

体育馆客户的功能需求是由客户活动的质和量决定的，客户活动的质和量的稳定，决定了客户功能需求的稳定，但是实现这些功能的载体——天然光环境是可以相互改进和替代的。功能载体的替代是进行价值工程创新活动的基本途径之一[6]。设计、建造和使用体育馆天然光环境的全寿命周期成本，是由体育馆天然光环境的功能、全寿命周期下的经济背景和设计、建造体育馆天然光环境的技术手段这三大要素所决定的。在设计时，可以通过不同材料、构造和控制技术等的不同结合，来实现多设计方案的生成（表 5-12）。

沈阳奥体中心综合体育馆设计的可替代方案   表5-12

方案编号	技术类别				
	天然采光技术	结构技术创意	材料技术	光导向技术	智能控制技术
1（原方案）	南侧玻璃幕墙东、西、北三侧高采光带	—	双钢化Low-E中空玻璃，中空层充氩气	—	—
2	南侧玻璃幕墙东、西、北三侧高采光带	—	双钢化Low-E中空玻璃，中空层充氩气	内设遮光帘	自动控制
3	顶向天然采光	全透射屋顶	PTFE膜透光率不大于25%	—	—
4	顶向天然采光	全透射屋顶	阳光板透光率不大于5%	内设遮光帘	自动控制
5	顶向天然采光	全透射屋顶	阳光板透光率不大于5%	内设遮光百叶	—
6	屋顶矩形采光天窗	—	Low-E中空玻璃	内设遮光百叶	自动控制
7	屋顶矩形采光天窗	—	偏光玻璃	双层玻璃之间加设微型百叶	—
8	屋顶梭形采光带	利用屋面结构组合空隙	阳光板透光率不大于5%	内设遮光百叶	—
9	南侧玻璃幕墙东、西、北三侧高采光带	—	隔热玻璃	外设遮光百叶	自动控制
	屋顶梭形采光带	利用屋面结构组合空隙	阳光板透光率不大于5%	内设遮光百叶	—
10	南侧玻璃幕墙东、西、北三侧高采光带	—	隔热玻璃	双层玻璃之间加设微型百叶	—
	屋顶矩形采光天窗	—	隔热玻璃	内设遮光百叶	自动控制

5.2 体育馆天然光环境设计的多方案综合评价

在体育馆天然光环境设计功能分析和取得多个可替代方案的基础上，为了更好地掌握各方案的价值水平，获得最终的优选方案，建筑师需要组织与设计项目相关的各专业人员，采取多专业合作的形式，对多方案进行全面、客观、综合、细致的详细评价。在具体项目的实际设计过程中，往往因为时间限制、有限的设计人员与成本等因素，将最为重要的多方案评价阶段进行简化，甚至是省略掉。对于设计师可能出现的主观推断，要保持清醒的逻辑认识，依靠设计团队的专业知识和实践经验避免依据传统思想、经验和个人喜好等因素产生主观判断的错误。

多方案的详细评价是通过方案创造阶段所完成的设计创意概略评判，在已知可替代方案优缺点以及对项目性能影响的基础上，借鉴技术经济学的评价方法和模拟试验研究，对生成的可替代方案进行相对复杂、深入细致、具体化的综合评价，以期在内容和方法方面获得客观、翔实、准确和可靠的评价结果，为下一阶段的最优方案评选提供更加具体化的、有待进一步完善的备选方案。

通过各种设计创意所产生的可替代方案，必须经过科学的评价方法去除那些可行性差、价值较低的方案构想。因此，体育馆天然光环境需要通过定量与定性相结合的方法，分析技术、经济、生态、审美、社会五个方面的系数，进而求得价值系数，再经过对价值系数的对比，对多个可替代方案的可行性分析与详细评价，对其作出科学、客观的判断，实现体育馆天然光环境设计方案的优化选择，进而实现美学、生态、技术与成本之间的协调统一和最佳匹配。其中，比较是详细评价的最为常用也最为行之有效的方法。为了保证评价结果客观有效，它的应用需要在保证各方案之间具有可比条件的前提下来完成，即保证参与比较的方案是以满足相同需求为前提的。

5.2.1　技术评价

对于体育照明来说，"可靠、安全、灵活、节能、经济"是体育照明设计的五项原则[18]。在体育馆天然光环境设计的详细评价中，技术评价是其他四项评价的基础，只有保证了天然光环境设计方案的可靠性、安全性与灵活性，才能对方案的经济性进行设计。

体育馆天然光环境的技术评价是指为了可靠地实现可替代方案的全部必要功能，从技术性能指标、设计和运营要求等方面与设计项目所要达到的功能要求进行比较，以评价方案本身技术手段的实现程度（表 5-13）。技术评价不单要对天然采光技术的直接效果和近期效果进行分析，还要考虑间接效果和长远效果，对其作出客观、全面和全寿命周期的评价。选择那些具有先进性与关键性的技术，增加其设计方案在竞争中的优势地位。除此之外，还要考虑所选技术在施工安装和日常运行环节的可行性与可靠性以及维护的可操作性。

多方案技术评价表

表 5-13

方案编号	评价指标				
	必要功能的实现程度	天然光环境质量	可操控性	全周期寿命	不必要功能
1（原方案）	没有控制天然光入射量，获得直射光	有明显的光斑	—	—	热辐射 眩光
2	控制天然光入射量，获得漫射光	比赛场地照度不均匀	自动设备操控性一般	自动设备故障率高，遮光帘磨损率高，不易除尘	热辐射
3	没有控制天然光入射量，获得漫射光	比赛场地照度均匀	—	与玻璃比较，膜材使用寿命相对较短，需要更换	夏季热辐射 冬季保温差 通风换气差

方案编号	评价指标				
	必要功能的实现程度	天然光环境质量	可操控性	全周期寿命	不必要功能
4	控制天然光入射量，获得漫射光	比赛场地照度均匀	自动设备操控性一般	与膜材比较，阳光板使用寿命相对较短，需要更换。自动设备故障率高，遮光帘磨损率高，不易除尘	隔热性差冬季保温差
5	没有控制天然光入射量，获得漫射光	比赛场地照度均匀	—	与膜材比较，阳光板使用寿命相对较短，需要更换	隔热性差冬季保温差
6	控制天然光入射量，获得漫射光	比赛场地照度较均匀	自动设备操控性较好	自动设备存在故障率	少量热辐射
7	控制天然光入射量，获得漫射光，隔热性较好	比赛场地照度较均匀	—	—	—
8	控制天然光入射量，获得漫射光	比赛场地照度较均匀	—	与膜材比较，阳光板使用寿命相对较短，需要更换	少量热辐射
9	控制天然光入射量，获得漫射光	比赛场地照度较均匀，南侧照度较高	自动设备操控性较好	与膜材比较，阳光板使用寿命相对较短，需要更换	少量热辐射
10	控制天然光入射量，获得漫射光，隔热性较好	比赛场地照度较均匀，南侧照度较高	自动设备操控性较好	—	—

5.2.1.1 技术价值评定

通过技术价值评定法对可替代方案进行评价，是在利用综合评分法给出各方案的总得分的基础上计算它的技术价值来进行评价。其中，可替代方案的技术价值是指以一个具体设计项目技术要求的理想方案（得分为5，总分为25）为基准时，所评价的各方案与理想方案相比所具有的技术可能性，可以计为该方案的最终得分与理想方案所对应的总得分之比[6]，即：

$$X_i = F_i \ / \ F_{max} \quad (i=1, \ 2, \ \cdots, \ n) \tag{5-1}$$

式中：X_i——第 i 个方案的技术价值；

F_i——第 i 个方案的技术所得总分；

F_{max}——理想方案的技术评价总分，即各评价指标上的最高得分之和；

n——待评价方案设想的个数。

根据原联邦德国工业标准 VDI2225 规定，一般 X 超过 0.8 就是好的方案，0.7 左右是较好的，而 0.6 以下则是不符合要求的[6]。由表 5-14 可知，本项目中的方案 10，6，7，9，8 为相对较好的技术方案。

多方案技术价值评价　　　　　　　　　　　　　　　　表5-14

评价指标	方案编号									
	1	2	3	4	5	6	7	8	9	10
必要功能的实现程度	1	2	3	4	4	4	5	4	4	5
天然光环境质量	1	2	3	4	5	5	5	5	4	4
可操控性	1	3	1	3	1	4	1	1	4	4
全周期寿命	5	5	3	2	2	5	5	2	2	5
不必要功能	1	3	1	2	2	4	5	4	4	5
总评分值 F_i	9	15	11	15	14	22	21	16	18	23
技术价值 X_i	0.36	0.6	0.44	0.6	0.52	0.88	0.84	0.64	0.72	0.92

注：作为该评价依据的指标打分工作，由本书作者与该项目工程管理公司的客户代表和建筑设计师共同完成，该评价数据只适用于沈阳奥体中心综合体育馆天然光环境设计，不能作为指导同类项目设计的通用性评价依据。

5.2.1.2　技术价值综述

根据体育馆天然光环境的功能目标，在技术价值评价基础上，可以作出如下技术价值综述：

（1）侧面天然采光

天然光从侧向射入到比赛厅内的深度是有限的，一般为 4～6m，而天窗则可以提供相当于同样面积的垂直窗户 3 倍的光照量[80]。侧面采光效率较顶向采光低，照度及亮度均匀度也较差，最亮的区域在侧窗附近，场地或场地中心的照度反而降低，不利于形成一个向心的比赛环境。

采用侧面天然采光时，采光口位于东、西两侧时，太阳光入射角度低，天然光可以射入比赛厅的距离相对较远，且时间较长，但容易产生眩光和光幕反射现象。采光口位于南侧时，太阳光入射角度高，天然光可以射入比赛厅的距离相对较近，且时间较短，只在上午接近正午的部分区域有短暂的眩光和光幕反射现象。采光口位于北侧时，由于没有直射天然光，不会产生眩光和光幕反射现象。侧向天然采光受观众席布置方式的限制，难以达到照度和均匀度的照明要求。

（2）顶向天然采光

与侧面天然采光相比，顶向天然采光效率较高，可以为比赛厅提供更大的天然光照射区域，提高比赛场地的照度均匀度，场地上空光线明亮，不受建筑立面造型的限制，不占用墙面面积，空间环境的重点突出，具有良好的导向性，易于形成一种热烈向上的环境气氛。顶向天然采光时，墙面通常是最重要的照明表面，可以反射直射光，重新分配至需要的表面和区域。顶棚的高度也很重要，来自顶向洞口的漫射光均匀度随顶棚高度增加而增加，倾斜顶棚则可以减弱洞口与其表面的亮度对比。

（3）全透射屋顶

全透射屋顶已经成为体育建筑顶部天然采光的较为理想的方式。但全透射屋顶会在体育馆室内顶面上出现一个亮度急剧变化的临界线，这使得此时的"顶光"往往成为室内光环境的"最强音"。因此，对它的布局，除了结合结构形式考虑外，还应作平面布局的考虑，使其位于空间主要轴线及中心点上，否则会严重破坏体育馆设计的整体性。

（4）遮光系统

由于采光口与比赛厅不透光区域存在较大的亮度比，会使人产生不舒适感，这就需要加设遮光系统对采光口进行优化。使用建筑内遮光系统时，阳光热量已经透过玻璃进入室内，因此降低热辐射效果不佳，不及建筑外遮光有效。使用建筑外遮光系统，则可以降低天然光的直接入射所带来的进入比赛厅的热辐射。

在对遮光技术进行评价时，需要分析采光口的综合遮阳系数[①]（C_g），通过对各类材料的不同遮光设施进行比较，选取遮阳系数较小的综合遮光技术作为备选方案。

（5）膜材

应用膜材作为透光材料，比赛厅在天然光下照度均匀，但由于这种结构的特性，自然通风能力比较差，建筑的热负荷大。因此，还要看通过膜材得热和失热造成的能源损耗是否可以从照明节电中得到补偿。

由于膜材多为白色等浅色调，在一些灰尘较大的地区应用，灰尘的堆积会影响建筑立面洁净度，同时，膜材的透光率也会大大降低。由于膜材自身保温性能不足，体育馆膜结构的采光理念与热工问题存在一定冲突，即光输入和热输出的矛盾。尤其在中国大部分地区，夏季太阳光透过膜材直射入体育馆内造成的热负荷，冬季室内外温差大，比赛厅内热量流失严重，都不利于空调系统节能。

（6）隔热玻璃

为满足体育馆的功能需求而设置的采光口都面积较大，且往往设置于距地面高度较高的屋顶部分。将日光偏转系统集成在隔热玻璃中是较为理想的设计手法。因为在体育馆的全寿命周期中，对日光偏转系统和隔热玻璃的维护与除尘是必需的，通过集成技术只需要完成对隔热玻璃的维护与除尘，可以大大降低这部分工作的全寿命周期成本。它不但降低了清洗工作所带来的维护费用，并且应用主动的天然光遮蔽方法来提高比赛厅内照明度，节省了人工照明和制冷负荷所需的成本。

5.2.2　经济评价

体育馆天然光环境的经济评价是指在综合考虑具体设计项目的内外部相关经济因素

---

① 遮阳系数是指在照射时间内，透进有遮阳窗口的太阳辐射量与透进无遮阳窗口的太阳辐射量比值。

和现实条件影响的基础上，采用科学、规范的分析方法，对可替代方案财务可行性和经济效益的合理性进行客观评价。在进行经济评价时，首先要在满足客户需求、消耗费用以及时间（包括建筑寿命、建设工期等）等方面保证可替代方案之间具有可比性，再对可替代方案是否达到预定的功能目标成本和成本降低程度的要求进行评价，为最优方案的生成与原有设计方案的改造提供技术经济学方面的研究依据，以获得良好的经济效益。对设计方案进行经济评价，可以提高体育馆天然光环境设计的科学化水平，有效地减少和规避项目的投资风险，增大投资效益。

　　为了不断提升体育馆天然光环境的价值，做到以最低的全寿命周期成本为客户提供所需要的必要功能，经济评价是多方案综合评价中最为重要的环节之一，它正是通过评价可替代方案经济性的好坏来完成对多方案的取舍的。经济评价可以帮助体育馆天然光环境的建设与运营，降低投资风险与全寿命周期成本，提高项目的功能价值。总体上说，体育馆天然光环境设计要尽可能地将投资少、成本低、见效快、经济效益好的设计创意作为项目的备选方案。

　　可替代方案的实施必须满足一定的经济条件，它包括对体育馆天然光环境的市场需求，控制与实施设备的供应，建设用工（包括建筑师在内的各相关专业技术人员和施工技术人员）及其技术力量，资金、能源和材料的供应等多方面条件。作为保障实施设计项目可替代方案能够达到预期目标的必要条件，这些经济条件运用定量的表现形式有一定困难，要求建筑师在经济评价的过程中，根据方案具体实施因素对其加以真实、客观的估计。

　　体育馆天然光环境的经济价值，以体育馆天然光环境设计可替代方案的全寿命周期成本为评价标准，将这些技术方案按照全寿命周期成本由低到高进行排列，并将功能可替代手段的最低成本确定为功能的目标成本。在对全寿命周期成本进行计量时，不但包括经济指标，还需要对反映运营和维护安全的可靠性、反映运营和维护难易度的可操作性以及所处地域环境等非经济因素进行考虑。

　　经济评价是在可替代方案未被实施之前对其所进行的预测性评判，根据方案具体的评价要求、实际条件和自身特点等因素进行科学、全面、系统的综合分析。它属于预先评价范畴，可采取经济价值评定法进行评价。

　　经济价值评定法与技术评价中的技术价值评定法类似，也是利用数值之比来反映方案的经济价值。其中，可替代方案的经济价值是指以一个具体设计项目经济要求的理想方案（得分为1,总分为7）为基准时,待评的各方案在建造成本方面达到理想方案的程度,可以计为待评方案的实际建造费用与理想方案的建造费用之比[6]，即：

$$Y_i = H_理 / H_i \quad (i=1,\ 2,\ \cdots,\ n) \tag{5-2}$$

式中：Y_i——第 i 个方案的经济价值；

　　　$H_理$——理想方案的建造费用；

H_i——第 i 个方案的实际建造费用；

n——待评价方案设想的个数。

由公式（5—2）可知，Y 值是小于 1 而又大于零的比例系数，它越接近 1，所待评的可替代方案经济价值越接近理想方案的经济价值，也就是越好的方案。

在应用经济价值评价法进行方案评价的具体操作时，由于在设计阶段无法准确地计算设计项目的实际建造费用，因此需要核算设计方案所需材料费用，并配以有效的成本估算方法进行估算。理想方案建造费用的估算，可通过市场调研收集已建成体育馆项目在天然光环境上的建造费用，以此估算设计方案的理想成本 $S_理$，利用成本系数 α，计算允许的建造费用 $[H]=S_理/\alpha$。由于根据以往经验一般认为 $Y=0.7$ 就是比较好的方案，所以可将理想建造费用确定为 $H_理=0.7\cdot[H]$。

从表 5—15 可看出，替代方案 7 采用了偏光玻璃中加微型百叶的新型技术，虽然初始成本投资较高，但是由于建成后运营成本和维护成本比较低，其全寿命周期成本反而低于其他方案。与其他设计创意相比，具有相对较高经济价值的可替代方案 7、6、10 是该项目应重点分析的、具有潜力的方案。

需要指出的是，体育馆天然光环境作为体育馆建筑的一部分，它的价值无法用明确的价格来反映，而所选的天然采光技术、结构构造技术、光导向技术和智能控制技术的优劣与材料技术的实施费用[①]以及制造商和所用技术与生产能力不同，设计所需的结构

多方案经济价值评价   表 5—15

评价指标	方案编号									
	1	2	3	4	5	6	7	8	9	10
初始成本	1	2	7	7	6	3	4	7	3	4
运营成本	7	6	4	3	3	2	2	2	1	1
维护成本	1	2	4	7	6	2	1	3	4	3
全寿命周期成本	7	6	4	4	3	1	1	3	2	2
全寿命周期成本的节约潜力	7	6	4	3	3	2	2	3	3	1
运营与维护的可靠性	1	3	2	3	3	2	1	3	3	2
运营与维护的可操作性	7	3	1	6	5	3	1	3	3	3
总评分值 F_i	31	28	26	33	29	15	12	20	19	16
经济价值 Y_i	0.23	0.25	0.27	0.21	0.24	0.47	0.58	0.35	0.37	0.44

注：作为该评价依据的指标打分工作，由本书作者与该项目工程管理公司的客户代表和建筑设计师共同完成，该评价数据只适用于沈阳奥体中心综合体育馆天然光环境设计，不能作为指导同类项目设计的通用性评价依据。

---

① 实施费用是为保证方案设想的实施所必需的费用，由于设备和工具因停止使用或另行处理而发生的损失费用以及实施改进方案所带来的人力、物力和财力等各方面的节约费用。

材料和采光材料不同，不同类型甚至是相同类型的造价也会相差巨大。作为体育馆运营收入的门票、场地租赁等方面的收入，也因为所处地域、时间、社会背景的不同而缺乏可比性。

5.2.3　生态评价

体育馆天然光环境的生态评价是从改善比赛厅光环境质量的角度评价天然采光方案，以达到比赛厅微气候的动态平衡。其中，调节微气候、节约能耗、光环境自然度、比赛厅光环境优化度、与室内外环境的协调性是其生态效益的主要体现。

从生态学的角度出发，对体育馆天然光环境设计进行生态价值分析，建立科学的指标体系和评价标准，将有利于开发天然采光新技术和提高能源利用效率。根据建筑设计的指导思想，借鉴生态经济学理论，将生态因素纳入体育馆天然光环境设计价值分析的框架中来，研究生态因素与全寿命周期成本的关系，在节约资源与保护环境的同时提高社会经济效益，以求实现生态的可持续发展。体育馆天然光环境受城市的地域特点、经济水平、产业结构、社会文化、空间环境、使用群体等多方面因素的影响，因此，它必须与其所在区域紧密结合，有机共生，在全寿命周期中实现节约能源、发挥整体效益，实现真正的可持续发展。体育馆天然光环境的生态评价方法与其技术评价类似，也是采用价值评定法，是利用比例数值来反映方案的生态价值（表 5–16）。其中，该设计项目生态效益理想的方案为 5。

多方案生态价值评价　　　　　　　　　　　　　　　　　　　　表 5–16

评价指标	方案编号									
	1	2	3	4	5	6	7	8	9	10
调节微气候舒适度	1	2	1	2	3	3	5	4	4	5
节约能耗	2	3	1	2	3	4	4	3	4	5
光环境自然度	2	1	5	4	4	4	4	3	4	4
比赛厅光环境优化度	1	2	1	2	3	4	5	4	4	5
与室内外环境的协调性	2	3	4	3	4	4	4	3	3	5
总评分值 F_i	8	11	12	13	17	18	22	17	19	24
生态价值 E_i	0.32	0.44	0.48	0.52	0.68	0.72	0.88	0.68	0.76	0.96

　　注：作为该评价依据的指标打分工作，由本书作者与该项目工程管理公司的客户代表和建筑设计师共同完成，该评价数据只适用于沈阳奥体中心综合体育馆天然光环境设计，不能作为指导同类项目设计的通用性评价依据。

5.2.4   审美评价

"审美评价是伴随着审美消费所发生的一种主体行为，是主体对对象所体现出来的审美价值的性质、高低、大小、真伪等所作的判定、鉴别、批评、论说。"[81]体育馆天然光环境的审美评价依靠人的审美判断，这种判断受到人的情感与个体的特殊性的影响。

天然光在直射状态下会对人的生理和心理产生强烈的刺激，而漫射光则是弥散在比赛厅空间的各个区域，更接近于自然界的光环境。建筑大师路易斯·康对光与建筑空间作了如下表述："设计空间就是设计光亮。"[82]采取不同的天然光传播方式，会对建筑空间产生不同的表达效果。柔和的漫射光可以高质量地实现体育运动的功能需求，对比赛厅空间环境有很强的塑造能力，可产生一定的艺术效果。同时，体育馆采光口的设计本身就具有一定的形式表现力，其造型运用几何形的线和面等基本立体构成语言，再加以比例、尺度、色彩、材料、样式等艺术语言的润色，使其形成特定的空间效果，并具有一定的风格（如时代性、民族性、地域性）。

可以说，体育馆天然光环境的创造是一种现实和审美的结合。在进行审美判断时要避免任何的偏见，将地域文化、宗教信仰和时代背景等因素纳入对审美心理的传承与差异的判断，通过从二维空间、三维空间到四维空间等多角度的审美价值分析，可以避免片面追求高功能、高生态的体育馆天然光环境而带来的不必要费用，创造出人性化和优美的天然光环境，实现体育馆建筑"以人为本"的设计理念。

优质的体育馆天然光环境设计不仅有助于建筑节能，而且其采光口的构造技术能成为影响体育馆形体和美感的关键要素，而新技术的应用往往成为凸显体育馆建筑高科技和现代感的重要组成部分。体育馆天然光环境的美学价值评价要做到体育馆内在与外在功能性与美学的有机结合，使其具有重要的理论意义和现实意义。在评价之初，首先要确定它的评价依据。体育馆天然光环境要满足人与环境的和谐性，天然采光设计的完整性，体育照明的多样性的需求，还要从造型、序列、形式美法则、象征意义等方面提升其美学价值。

体育馆天然光环境的审美评价方法与其技术评价类似，也是采用价值评定法，是利用比例数值来反映方案的审美价值（表5-17）。其中，该设计项目美学意义理想方案的得分为7，总分为49。

这里所作出的审美评价不可避免地具有明显的倾向性，但它不是某个人的主观性行为，而是必须以体育馆客户为主体加以理性的评价，是客观存在的。这就需要在对体育馆天然光环境进行审美价值评价时，首先对评价的标准进行界定，再在亲身参与审美消费的基础上进行评价。审美评价的标准必须具有一定的客观性，是通过人们长期的客观历史实践而得出的，它不是固定不变的，而是根据具体的设计项目有所侧重的，这将有

多方案审美价值评价　　　　　　　　　　　　　　　表 5-17

评价指标	方案编号									
	1	2	3	4	5	6	7	8	9	10
人与环境的和谐性	1	2	6	5	7	5	6	5	6	6
天然光环境的完整性	3	4	7	7	7	5	5	4	6	6
体育照明的多样性	2	3	2	4	3	4	3	4	5	6
造型	2	2	6	6	6	5	5	6	7	6
序列	2	3	5	4	5	4	4	6	6	6
形式美法则	2	3	7	4	5	4	5	6	7	6
象征意义	4	4	7	6	6	5	5	5	7	7
总评分值 F_i	16	21	40	36	39	32	33	36	44	43
审美价值 A_i	0.33	0.43	0.82	0.73	0.8	0.65	0.67	0.73	0.9	0.88

　　注：作为该评价依据的指标打分工作，由本书作者与该项目工程管理公司的客户代表和建筑设计师共同完成，该评价数据只适用于沈阳奥体中心综合体育馆天然光环境设计，不能作为指导同类项目设计的通用性评价依据。

助于体育馆天然光环境审美价值的实现。

　　体育馆天然光环境的美学价值与经济价值、生态价值之间有时是相互冲突的，其美学价值的获取可能伴随着全寿命周期成本的提升，以生态与自然环境的损害为代价。如何达到建筑与自然的和谐，体育馆天然光环境审美与道德的共存，是对体育馆天然光环境作出美学评价的难题所在。

5.2.5　社会评价

　　"社会评价是一种对社会意识和社会实践都有实际效用的，具备社会整体性的自觉活动，是项目评价中的一种重要工具和手段。"[83] 体育馆天然光环境的社会评价可以对设计项目的各种社会影响进行评估与监测，鼓励体育馆的各方利益相关者对天然光环境设计的积极参与，对实施方案进行优化，降低项目投资的社会风险，促进建设项目与区域性社会环境的协调发展。社会评价不仅贯穿于体育馆天然光环境全寿命周期的全过程，甚至在几十年、几百年的历史进程中都会被拿来进行比较与评价。它需要掌握项目相关的近期、中期或远期的各种社会发展目标，应用社会学和人类学的理论和方法，通过调研、收集与具体建设项目相关的各种社会因素和社会数据，对普遍的个人评价、社会舆论评价和权威评价进行整合，以减少该项目各个时期对社会的负面影响。社会评价可以帮助体育馆天然光环境质量同各级发展目标和利益的协调统一，减少社会矛盾与纠纷。

　　通过系统调查和预测拟建项目天然光环境的建设和运营所产生的社会影响与社会效

益，分析项目所处区域的社会环境，从项目的社会适应性、社会效益、社会影响、社会可接受程度、社会风险性等方面，来完成体育馆天然光环境的社会可行性的评价。由于其中涉及的社会因素种类繁杂，无法用统一的标准对其进行评价，需要发挥评价者的主观能动性，根据调查和预测资料，有区别地实施定性分析与定量计算。

在对方案进行社会评价时，需要依据实际设计项目的具体情况确定评价的内容。从社会因素角度考虑，备选方案必须符合国家的方针、政策和法律法规，与人们的社会意识、文化形态、生活方式等方面社会因素相适应。

体育馆天然光环境的社会评价方法与其技术评价类似，也是采用价值评定法，是利用比例数值来反映方案的社会价值（表5-18）。其中，该设计项目社会可行性理想方案的得分为5，总分为25。

多方案社会价值评价   表5-18

评价指标	方案编号									
	1	2	3	4	5	6	7	8	9	10
社会适应性	1	2	2	3	4	3	2	2	3	4
社会效益	1	2	3	4	4	4	4	4	5	5
社会影响	1	2	5	4	5	3	3	3	4	4
社会可接受程度	1	2	2	4	4	3	4	3	5	5
社会风险性	5	5	2	1	2	4	4	3	3	4
总评分值 F_i	9	13	14	16	19	17	17	15	20	22
社会价值 T_i	0.36	0.52	0.56	0.64	0.76	0.68	0.68	0.6	0.8	0.88

注：作为该评价依据的指标打分工作，由本书作者与该项目工程管理公司的客户代表和建筑设计师共同完成，该评价数据只适用于沈阳奥体中心综合体育馆天然光环境设计，不能作为指导同类项目设计的通用性评价依据。

体育馆天然光环境的社会评价与其他评价相比难度较大，要求也相对较高，需要一定的资金与时间投入，不可能对产生的所有设计创意进行评价，因此只能在备选方案评选阶段进行。通过查阅当地历史文献、统计资料、问卷调查、现场调研与访问等手段，对项目所处地区进行社会调查，了解当地基本的社会、经济、体育、文化发展情况，城市人口统计资料、基础设施、体育文化服务设施的现状，风俗习惯，人际关系、各相关利益群体对项目的反映、要求与接受程度以及他们参与项目活动的可行性。可替代方案的社会评价是对各方案社会可行性的分析，它不但要最大限度地满足业主、使用者、运营方等各方利益的一致性，还要满足从设计方、业主、使用者、运营方的角度，与从社会的角度对方案进行评价的一致性。

5.2.6　综合评价

通过对体育馆天然光环境设计的多方案分别进行技术、经济、生态、审美、社会等研究领域的评价，可以发现这些研究领域的评价之间存在着不同程度的相互联系与相互制约。这就决定了多方案评价要对各个研究领域进行科学的整合，利用多学科交叉的研究方法予以综合评价。

体育馆天然光环境的综合评价是指通过收集相关信息资料，从技术、经济、生态、审美和社会等方面，在对可替代方案进行分别评价的基础上，再对这些方案进行多方面、多角度的系统评价，从而得出方案的整体性评价结果。只有对备选的多方案进行科学的综合评价，才有可能获得行之有效的优化设计方案。体育馆天然光环境设计的多方案综合评价是将定性与定量评价方法进行有机结合，在定性评价的基础上，以定量评价为主。对那些无法直接采用数量表示，或是由于量纲等原因不便于使用数量表示的评价指标，也应尽量将指标定量化，通过比较、打分等方式加以比较和评价，以突出可替代方案的客观有效性。其实，建筑师早就在建筑的设计阶段，将多方案比较作为建筑设计的普遍适用的步骤，而在运用价值分析方法的体育馆天然光环境设计中，是通过多方案的综合评价，在明确客户需求的基础上，掌握各个方案中的成本较高的部分，从中选出既能节省全寿命周期成本又具有较高建筑品质的方案。

建筑师可采用 S 图评价法来完成多方案的综合评价，首先分别求出每个方案的技术价值、经济价值、生态价值、美学价值和社会价值，之后，再综合分析这些价值因素，判断方案总体价值的大小，将其中总体价值最大的可替代方案作为体育馆天然光环境设计优化的备选方案。首先，引入综合价值 S [6]，即：

$$S_i = \sqrt[5]{X_i \cdot Y_i \cdot E_i \cdot A_i \cdot T_i} \quad (i=1, 2, \cdots, n) \tag{5-3}$$

式中 : S_i——第 i 个方案的综合价值 ；

　　　X_i——第 i 个方案的技术价值 ；

　　　Y_i——第 i 个方案的经济价值 ；

　　　E_i——第 i 个方案的生态价值 ；

　　　A_i——第 i 个方案的审美价值 ；

　　　T_i——第 i 个方案的社会价值 ；

　　　n ——待评价方案设想的个数。

由公式（5-3）可知，由于 $S_{理}=1$，所以 S 值是小于 1 的正数。它越接近 1，待评的可替代方案的综合价值越接近理想方案的综合价值，也就是越好的方案。与综合评分法相比，S 图评价法可以更加客观、准确地评价方案的综合价值。综合评分法是通过对方案五个方面得分的简单累加来进行评价，如果方案中的某一项或某几项出现过高或过低得分，可以在累加的过程中相互抵消。对于那些在某一方面或某几方面存在严重缺陷，而其他方面得分较高的方案，将有可能无法舍弃，为下一阶段的备选方案具体化增加不必要的工作量。应用 S 图评价法进行综合评价时，则是以技术价值、经济价值、生态价值、美学价值和社会价值的乘积关系分析这五方面因素对方案的影响程度，使综合评价结果更加客观、准确，真正做到体育馆天然光环境的优化设计（表 5-19）。

多方案各分项价值评价汇总

表 5-19

方案编号	评价类型					S_i 值
	技术价值	经济价值	生态价值	审美价值	社会价值	
1（原方案）	0.36	0.23	0.32	0.33	0.36	0.32
2	0.6	0.25	0.44	0.43	0.52	0.43
3	0.44	0.27	0.48	0.82	0.56	0.48
4	0.6	0.21	0.52	0.73	0.64	0.5
5	0.52	0.24	0.68	0.8	0.76	0.55
6	0.88	0.47	0.72	0.65	0.68	0.67
7	0.84	0.58	0.67	0.67	0.68	0.72
8	0.64	0.35	0.68	0.73	0.6	0.58
9	0.72	0.37	0.76	0.9	0.8	0.68
10	0.92	0.44	0.96	0.88	0.88	0.79

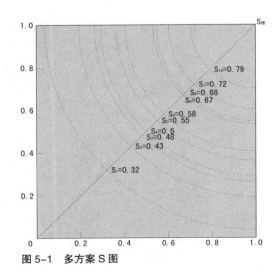

图 5-1　多方案 S 图

如图 5-1 所示，应用 S 图评价法绘制 S 图时，与原图的区别在于：本书的 S 值是由 5 个变量（X、Y、E、A、T）组成的函数，二维平面或是三维立体的坐标系都无法将其变量坐标标示准确。因此，我们借用最简单的平面直角坐标系，绘制 S 值的表示范围，但不对 XY 轴坐标变量进行定性，只对其进行定量标示，做到对各方案 S 值大小的直观性比较分析。根据 S 值的计算结果，方案 10 的 S 值最高为 0.79，最为接近理想方案，其次为方案 7（S=0.72）、方案 9（S=0.68）、方案 6（S=0.67）。依据沈阳奥体中心综合体育馆的原设计方案，为了中心整体的设计理念的需要，体育馆南侧玻璃幕墙是需要保留的，因此，通过对可替代方案综合评价结果的分析，方案 10 与方案 9 被选为体育馆天然光环境设计优化的备选方案。

需要指出的是，在体育馆天然光环境设计的多方案综合评价过程中，要尽量采取简便、易行的评价方法，时刻保持清醒、客观的设计思维，有重点、有目标地分析问题。在具体项目的实际操作时，如果通过一次评价所获得的备选方案过多，也可采取上述评价方法，继续进行第二次评价，以减轻方案设计优化阶段的工作量。

5.3　体育馆天然光环境设计的最优方案制定

在对体育馆天然光环境设计的可替代方案进行综合评价之后，需要对评价所选出的备选方案进行实验模拟的对照性分析，对具体化的备选方案实施最优方案评选和进一步的优化与完善，以获得最终的"最优"方案。最优方案的生成，是对设计多方案的整合与改进，是对体育馆比赛厅天然光环境设计进行全面总结，以取得具有全寿命周期成本优势并保证天然光环境质量的设计优化方法。

5.3.1　最优方案的评选

备选方案是由价值分析所产生的替代方案，在多方案的评价阶段完成之后，可继续对其性能评价、初始成本和可预见的全寿命周期成本等要素进行一系列的比较。通过最优方案的评选，要把通过综合评价所确定的备选方案进行进一步的对照性分析，以形成技术上可行的具体价值替代方案。

在明确了备选方案的可行性和综合价值以后，可以通过应用综合评价法计算体育馆天然光环境的性能影响度来评价备选方案的实际综合效益。与 4.3.3 中计算功能重要度系数的方法类似，采用专家评分法，具体应用 0-4 两两对比法，以问卷调查表的方式进行逐层深入的提问，请体育建筑设计专业领域的专家、资深设计师、设计项目的重点客户对体育馆天然光环境的性能进行打分。此次共回收有效评分数据 31 份，依据价值工程方法的规定，选取 10 份最具代表性的数据加以统计，计算每个特性的总分和百分比，得出性能属性的评分权重（性能加权系数），确定不同性能属性的重要性与项目目标之间的关系（表 5-20、表 5-21）。

在此基础上，应用加权评价法将备选方案在可操作性、安全性、可靠性、可维护性、多功能性这五个方面的性能评分与性能属性的权重相乘，由此得出备选方案的性能影响度（表 5-22、表 5-23）。由表 5-23 可知，方案 10 的性能影响度（4.07）要高于方案 9 的性能影响度（3.165），在性能权重较高的可操作性、安全性、可靠性这三个方面，

体育馆天然光环境的性能评分表　　　　　　　　　　　　表 5-20

请将下列性能进行两两比较，回答"这两个性能哪一个对满足体育馆天然采光照明的目标和需要更为关键"。在两者交叉的空格里，填入你认为更为关键的性能的编号（如果认为两者为并列关系，请将两者编号一并填入空格）

序号	性能名称	A 可操作性	B 安全性	C 可靠性	D 可维护性	E 多功能性	总计	百分比
A	可操作性	X	B	C	A	A	2	20%
B	安全性	X	X	B	B	B	4	40%
C	可靠性	X	X	X	C	C	3	30%
D	可维护性	X	X	X	X	D	1	10%
E	多功能性	X	X	X	X	X	0	0
							10	100%

体育馆天然光环境的性能评分综合统计表　　　　　　　　表 5-21

序号	功能名称	评价者代号										总评分值	百分比
		一	二	三	四	五	六	七	八	九	十		
		G_1	G_2	G_3	G_4	G_5	G_6	G_7	G_8	G_9	G_{10}		
A	可操作性	2	2	1	2	3.5	1	4	3	4	3	25.5	25.5%
B	安全性	4	4	4	4	1.5	4	1	2	2	2.5	29	29%
C	可靠性	3	2	3	3	1	0	3	4	2	2	23	23%
D	可维护性	1	1	2	1	2	3	1	1	2	2.5	16.5	16.5%
E	多功能性	0	1	0	0	2	2	1	0	0	0	6	6%
合计		10	10	10	10	10	10	10	10	10	10	100	100%

备选方案性能评定　　　　　　　　　　　　　　　　表 5-22

方案编号	性能类型					总分
	可操作性	安全性	可靠性	可维护性	多功能性	
9	3	3	3	4	3	17
10	4	5	5	2	2	18

备选方案性能影响度评定　　　　　　　　　　　　表 5-23

性能系数　总分　方案编号	性能名称					总评
	可操作性	安全性	可靠性	可维护性	多功能性	
	0.255	0.29	0.23	0.165	0.06	1
9	3	3	3	4	3	3.165
	0.765	0.87	0.69	0.66	0.18	
10	4	5	5	2	2	4.07
	1.02	1.45	1.15	0.33	0.12	

方案 10 的性能评分都高于方案 9，因此，可将方案 10 作为重点方案进行深化（图 5-2）。它是"付出较小的成本以获取较大性能提高的方案"[7]。根据一系列系统、深入的研究，在此阶段所生成的重点方案有可能不唯一，这就需要根据项目设计团队的综合研究成果，由体育馆天然光环境设计的各利益

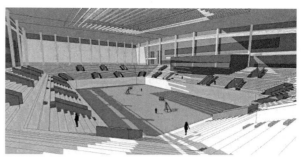

图 5-2　方案 10 比赛厅内景

相关人员代表参与决策，选出最有利于实施的备选方案作为重点方案。

5.3.2　最优方案的具体化

通过对备选方案进行性能对照性分析，得以发现重点方案的优缺点与不足，需要对它们进一步修改、完善，以实现最优方案的具体化。最优方案的具体化是在对体育馆天然光环境设计的备选方案进行对照性分析后，再对其进行系统整理与深化，形成相对价值较高的、具体的、详细的改进方案，为下一阶段整理实施方案做好准备。

采光口的面积大小对天然采光量有明显的影响，虽然大面积的采光口有利于获得更多的天然光，但是也会增加体育馆得热和失热的途径，造成比赛厅内使用者热舒适性的降低。《公共建筑节能设计标准》（GB 50189-2005）规定："屋顶透明部分的面积不应大于屋顶面积的 20%[30]。"对沈阳地区的冬季、夏季日照情况（日照时间长短、太阳总辐射强度、阳光入射角大小）、季风影响、室外空气温度、室内采光设计标准以及外窗开窗面积与建筑能耗等因素进行综合考虑后[32]，从屋顶采光口的面积大小入手，将最优方案具体深化为三个方案（表 5-24）。通过对这些深化方案进行采光试验与数字模拟，并对其测算的数据结果进行分析比对，确定最优方案是否达到预定的功能实现和价值提高的要求，在此研究结果的基础上生成用于实施的"最优"方案的设想与具体说明。

最优方案的实验模拟是确定体育馆天然光环境设计最终（最优）实施方案的重要步骤，它对最优方案的具体设计手段进行更加深入的分析和评价，发现问题并加以完善，

深化方案比较　　　　　　　　　　　　　　　　　　　　　表 5-24

方案编号	采光天窗面积（m²）	天窗与比赛场地面积比	天窗与屋顶面积比（%）
深化方案 1	3400（比赛场地）	1：1	28%
深化方案 2	1680（手球场地）	1：2	14%
深化方案 3	550（中心篮球场地）	1：6	4.6%

保证所选出的重点方案是相对可靠的。同时，试验模拟所得的测算数据将为最优方案具体化提供有力的数据支持，帮助其减少缺陷，生成实施方案。

应用建筑环境设计软件 Ecotect 对深化方案进行天然光模拟实验，首先在已知侧面采光口面积与位置相同的情况下，保证顶向采光天窗与遮阳百叶的结构技术和材料技术的一致性，选用沈阳市气象数据，设定全阴天情况下的设计天空照度为 6000lx，选用折射系数为 1、可见光透射率为 80% 的遮阳型 Low-E 玻璃作为采光口的采光材料，通过调整采光天窗与遮阳百叶的面积，得出 3 个深化方案的模拟实验数据（表 5-25，图 5-3 ~ 图 5-5）。

深化方案模拟实验数据　　　　　　　　　　　　　　表 5-25

方案编号	E_{min}（lx）	E_{max}（lx）	E_{ave}（lx）	$U_1 = E_{min}/E_{max}$	$U_2 = E_{min}/E_{ave}$
深化方案 1	739.98	3322.38	1644.43	0.22	0.45
深化方案 2	694.02	2668.47	1445.87	0.26	0.48
深化方案 3	334.45	1858.06	791.34	0.18	0.41
项目原方案（实测值）	88	2690	347.4	0.033	0.253

由表 5-25 可知，在相同的技术条件下，深化方案 3 的平均照度约为 791lx，已经达到日常运动员训练和群众健身的照度标准。考虑到体育馆建筑节能和降低全寿命周期成本的需求，深化方案 1 和方案 2 的平均照度虽然更高，降低了人工照明的耗电成本，但是其加大的采光天窗面积也会使屋盖的初始成本增加较多，比赛厅与外界的热传导也会增加，随之而来的是空气调节设备耗电成本的增加。因此，深化方案 3 更加满足体育馆控制全寿命周期成本和提升天然光环境价值的要求，可将其作为该项目价值分析的成果，进一步完善为实施方案。由此模拟实验可以发现，只要体育馆天然光环境创造在合

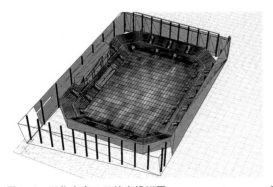

图 5-3　深化方案 1 天然光模拟图

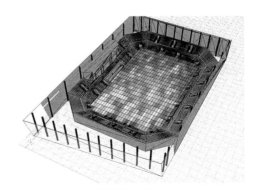

图 5-4　深化方案 2 天然光模拟图

理的技术方案的基础上，要满足《公
共建筑节能设计标准》规定的"屋顶
透明部分的面积不应大于屋顶面积的
20%"是不成问题的，甚至可以将规
定缩小到"屋顶透明部分的面积小于
屋顶面积的 5%"，做到超额完成节能
任务，为全社会的节能减排目标作出
重要贡献。

　　此外，在对最优方案的具体化过
程中，还要考虑到体育馆天然光环境
控光、滤光设计，应避免对比赛厅内

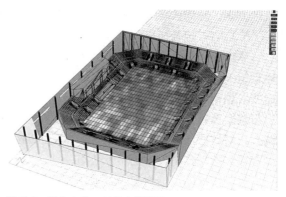

图 5-5　深化方案 3 天然光模拟图

通风效果的不利影响。根据体育馆的实际要求和建设条件，将通风和防雨等问题加以考
虑。同时，天然采光设施除了必须具有良好的防腐蚀性能，还要做到防潮、防结露、保
温、隔热，以增加天然采光设施的维护系数。①透光材料的材质与透过率，尽量选择中
性透过率的材料，以避免比赛厅内出现颜色过滤而使白天的室内环境出现明显的色温偏
差，保证提供比赛厅内物体真实的色彩还原[22]。同时，采光材料的清洁度也是影响天然
光入射量的重要因素之一，表面附着灰尘、杂物或是积雪的采光材料，会使室内天然光
照度降低 15% ～ 50%。因此，在体育馆运营期间对采光设施进行日常维护是非常必要的，
它是保证比赛厅内照度的有效措施之一。

　　需要指出的是，体育馆天然光环境设计项目的任何一个方案都不可能完全舍弃不必
要的功能和成本，作为设计的最优方案，只是做到尽最大的努力将其消除，寻找那些可
替代方案中的"最优"一个。这里所说的"最优"是相对的，是针对具体体育馆的特点
和其天然光环境的特点来说的。

5.3.3　最优方案的运营情况反馈与运营后评价

　　为了获得体育馆天然光环境设计的预期成果，并实际验证基于价值工程理论的体育
馆天然光环境设计优化所取得的最优方案的正确性，体育馆天然光环境设计的最优方案
经过建议采纳和实施建成后，需要对该设计项目的最优方案的实际运营情况进行调研，
确定利益相关者的满意程度和运营情况的反馈意见，进行全面的总结和评价。在此基础
上，项目设计团队和既定的利益相关者共同决定是否接受这种体育馆天然光环境价值的

---

① 维护系数（maintenance factor），照明装置在使用一定周期后，在规定表面上的平均照度或平均亮度
与该装置在相同条件下新装时在规定表面上所得到的平均照度或平均亮度之比。

改进方案，并为体育馆等大空间公共建筑的天然光环境设计积累宝贵的经验。

5.3.3.1   运营情况反馈

体育馆天然光环境设计最优方案在实施的过程中会产生一些不可预期的问题，而当体育馆天然光环境进入到全寿命周期的中后期时，也会产生大量与设计因素相关的信息，这些数据和资料可以反映出设计项目的具体信息和发展趋势，并显示出体育馆天然光环境与整个体育馆之间的关系。作为项目的设计者——建筑师需要对其实施状况进行跟踪调查，对这些问题与信息进行积极主动的回应与思考，以便衡量运用价值工程方法进行体育馆天然光环境设计的实际效率。

运营情况的反馈意见包括业主、使用方、运营方等各方利益相关者针对该体育馆天然光环境设计项目实际运营中所遇到的问题而提出的意见以及运营所产生的各项技术、经济数据的汇总。建筑师有义务将这些反馈意见进行整理、分析与总结，为接下来的运营后评价提供翔实的运营数据与反馈意见。它需要在方案运营过程中有计划地对天然光环境实际运营的相关数据进行翔实的记录，真实地收集客户对使用情况的感受、意见与建议。

当经过设计优化后最终选择的体育馆天然光环境方案被实施运营以后，设计师还要对其照度进行现场实地测量，确认项目设计标准是否得到了满足。其中，最为重要的一项内容是测试体育馆日常运行的照明结果，检验体育照明最终效果与设计目标是否一致。最常用的方法是运用照度计测算水平照度、垂直照度（对主摄像机和四边）和照度均匀度，对体育馆天然照明效果进行实测。测试时，应避免测试者对光源的遮挡以及服装的色彩反射对照度和显色指数的影响。

运营情况反馈不仅是对建成后的体育馆天然光环境实际效果的评价，还可以对最优方案具体化阶段的日光模拟实验数据进行检验。

5.3.3.2   运营后评价

为了更好地评价运用价值工程方法进行体育馆天然光环境设计的实际成果，并对本次价值工程作业质量作出总结，为今后的体育馆天然光环境设计项目价值的提高提供宝贵的实践经验，在最优方案实施以后，建筑师需要将运营情况反馈得到的与设计项目有关的信息进行核查，对本次价值工程活动中的实际成果和存在的不足之处，提出相应的解决方法与改造建议，进行全面的分析总结和评价，以便更好地了解体育馆天然光环境设计，作为今后进行体育馆等大空间公共建筑天然光环境设计的经验积累。可以说，最优方案的运营后评价是对于体育馆天然光环境设计最终成果与运营情况的总结与评价。

运营后评价是依据原始记录，对基于价值工程方法的体育馆天然光环境设计质量，对体育馆天然光环境的技术性能、经济效益、生态成果、审美价值以及从社会的宏观角度对最优方案运营后的实际效果进行评价。对于不断进行各类建筑设计的建筑师来说，对设计项目的成本进行统计和分析可以帮助设计研究不断深入与完善，通过从组织庞大的建筑竣工（工程）结算报表中获得的信息，对体育馆天然光环境的建设要素成本总价不断地进行完善与更新。基于价值工程的体育馆天然光环境设计的工作质量评价，是对设计阶段最优方案评价时所预测的效果与方案运营中的实际效果进行分析与评价，求出相应的误差百分比，以此分析效果之间存在差距的主、客观因素。

　　本章着重研究的沈阳奥体中心综合体育馆，正是通过运营情况反馈与运营后评价，从中发现原有设计方案的具体问题，应用价值分析方法对其进行功能分析与评价，根据存在的不足之处设计新的改造方案并加以层层深入的详细评价，从而得出该项目的"最"优化方案。虽然在体育馆进入运营阶段以后，要想对其进行在不干扰场馆正常运营情况下的低成本改造设计是非常有限的，但是在此阶段继续进行一定的价值工程研究对于天然光环境的再完善和体育馆等大空间公共建筑的天然光环境设计的经验积累是非常有帮助的。

5.3.4　最优方案的策略生成

　　新时代的体育馆建筑要突出建筑节能和节约环保。在建筑设计阶段，开发挑战原有设计现状的替代方案，虽然创新带来的利益与风险需要建筑师在价值分析的过程中进行具体度量，但是它可以通过改进传统设计构想，创造性地生成提高体育馆天然光环境全寿命周期价值的设计优化方案。由于天然光的照明效果是动态多变的，其照明强度、方向、色彩等要素都会随着季节、时间、地域的不同而变化，为了不断提升体育馆天然光环境价值，要在天然采光设计的各个环节对它们加以充分研究。

　　体育馆天然光环境设计的价值分析要想获得成功，需要参与价值分析工作的建筑师具备各相关专业的技术知识，拥有一定的设计实践经验，和对各深化方案分析评价的积极的工作态度，耐心、深入、全面地分析评价阶段的各方案设计构想，改进缺陷问题以产生最优方案。一个具体的体育馆天然光环境设计项目的最优方案，是产生在对多个备选方案进行优化选择的基础之上的。在方案优化的过程中，在对体育馆天然光环境进行改进的同时，对体育馆其他部分的设计内容同样会产生影响，例如在设计中对采光口的大小、开合形式等设计要素进行调整时，会对所对应的采光口的结构形式、结构荷载与建造技术等方面产生不同程度的影响。因此，在对体育馆天然光环境进行设计时，要通过完整、全面的价值工程分析，从功能和成本的各个方面，尽可能全面地考虑到体育馆天然光环境设计对体育馆整体设计的影响，使其最终获得"真正"的最优方案（图 5-6）。

　　另外，在进行具体设计方案优化时，设计项目的规模、复杂程度和目标，项目设计团队的规模和专业技能以及与设计相关的有效信息资源的数量等因素，都会对基于价值工程的体育馆天然光环境设计质量和进度产生影响。因此，获取全面、翔实、客

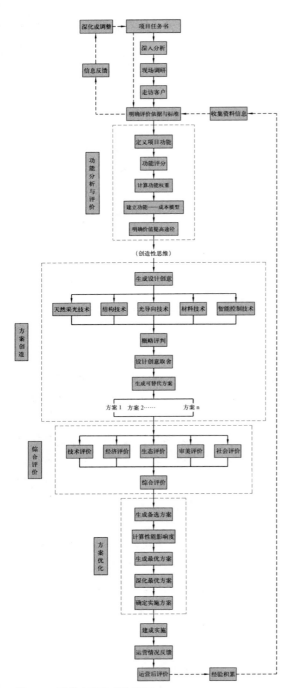

图 5-6　最优方案生成流程图

观的相关设计资料，对于体育馆天然光环境设计的顺利进行是十分重要的。它可以帮助建筑师尽可能地作出更加恰当的决定，使获得的最优方案更加具有可行性与经济可靠性。

每一位设计者都具有创造与完善一些新颖、有价值的设计构想的潜力，而要想最大限度地发挥与运用这些潜力，则要求设计者首先具备建筑师的素质，梳理设计中面临的有利与不利因素，将创意思考有效地运用到具体设计项目中。要想取得体育馆天然光环境设计的成功，建筑师首先要从理解项目任务书开始，避免设计创意构思与客户的功能需求出现偏差。设计时要时刻将比赛厅天然采光设计与体育馆整体设计相协调，要保证光环境设计与体育馆的空间组织功能设计、结构设计、整体造型设计的同步性，避免出现天然光环境价值的提升导致体育馆整体价值的下降，甚至造成体育馆全寿命周期成本的攀升。体育馆天然光环境设计不是孤立的设计任务，而是体育馆设计项目整体的一部分。获得高质量的体育馆天然光环境设计优化成果，需要建筑师综合地运用体育学、技术经济学、社会学、创新学、建筑学、生态学等多学科知识开展设计工作，并以系统化的研究成果为体育馆比赛厅天然光环境设计提供有价值的参考。

结　语

　　本书将价值工程理论引入体育馆天然光环境设计，应用全寿命周期设计的思想，有效地处理天然光自身的特点与功能需求之间的矛盾。对设计方案进行功能和全寿命周期成本分析，以多学科交叉研究方式和严谨的工作计划谋求创新的改进方案，提高体育馆天然光环境的价值，得出是否需加以改进的判断。同时，在控制全寿命周期成本和提升价值方面，为今后的体育馆天然光环境设计实践提供了一种理论指导和方法支持。以下初步结论与建筑界同仁共勉：

　　应用价值工程理论对体育馆天然光环境设计的技术价值、经济价值、生态价值、审美价值、社会价值等方面进行系统考虑，使自然资源得到合理、有效的利用，减少对不可再生能源的依赖和对环境的负荷，帮助具体设计项目进行有针对性与深入性的价值分析。用于解决问题的价值工程方法，为建筑师提供了增加体育馆天然光环境价值的新思路，找到了在设计中为业主、使用者和运营方改进技术与服务价值的独特方式，促进了我国体育馆建筑设计方法与技术的发展。

　　结合当今体育馆天然光环境的设计特点和价值工程理论的发展，通过对我国部分体育馆光环境现状调研等各相关设计信息资料进行收集整合，对体育馆天然光环境进行市场分析与定位，从准备、信息（资料）收集、功能分析、方案创新、综合评价、方案优化、实施七个方面，制定体育馆天然光环境设计的价值工程作业实施程序，有针对性地适应体育馆天然光环境各个具体设计方案的特定需求，以此增强设计项目的市场竞争力，并为最优方案的评选与具体化做准备。

　　针对当前体育馆建设实践中的不足，从新视角、新理论出发，对体育馆天然光环境进行功能分析。根据体育馆天然光环境的功能需求来开发具有创新性的解决方案，按照建筑的系统层次，挖掘和提炼其功能本质并加以定义、整理、分析，将物质形态的组成构件图归纳成为体育馆天然光环境的功能系统结构。通过先进设计方法与技术的利用，构建了体育馆比赛厅天然光环境设计的价值分析与综合评价体系。在有限的建设资金范围内，用尽一切可能的方法以最低的全寿命周期成本取得必要功能，在一定程度上抵消设计成本的不断增加，以此来改善设计方案，完成和促进对体育馆比赛厅天然光环境的塑造，达到降低全寿命周期成本的目的。

　　针对我国经济、社会、体育发展的具体条件，总结天然光环境设计方法和手段。应用以创新为根本途径的价值工程方法，在兼顾全寿命周期成本的基础上，对我国体育馆天然光环境优化设计进行具体的指导，有针对性地提出了具有微观基础和可操作性的基于价值工程理论的体育馆天然光环境设计实践方法与优化策略，对我国体育馆建筑的可持续发展作出了贡献。为体育馆天然光环境设计创造更加个性化与专业化的发展环境提供创新的动力、方法与能力，并期望对当前我国体育馆等大空间公共建筑的天然光环境设计提供参考和借鉴。

揭示了体育馆光环境设计的未来发展趋势，创造性地提出"价值指导体育馆天然光环境设计"的新构想。新的时代需要新的设计理念、理论和技术，将价值追求和价值实现作为体育馆天然光环境设计的最终目标。结合当代大空间公共建筑发展趋势，从技术价值、经济价值、生态价值、审美价值、社会价值五个方面认知体育馆天然光环境价值并加以分析评价，指出未来体育馆比赛厅天然光环境设计生态化、智能化、经济化、适宜化的发展趋向。

通过价值工程理论的指导，建筑师力争在最合理的全寿命周期成本范围内最大限度地设计出符合客户需求的功能。但是，我们必须清醒地认识到，任何的设计活动都不可能将不必要成本完全规避。无论建筑师的设计能力多么高超，在特定的期限内，用较成熟的设计手段，尽最大努力保证设计方案的可行性，做出一套完整的设计，仍然无法解决体育馆天然光环境设计中全部的矛盾问题，其中，有些问题是建筑师可以预见到的，有些问题却隐含在设计、施工、运营等各个环节中，建筑师无法对其成本、功能以及可靠性作最佳的判断而进行协调取舍，需要借助价值工程的引导，不断调整体育馆天然光环境设计的价值取向，力争使其中隐含的不必要成本降至最低。

体育馆天然光环境研究不但是一个系统性工程，涉及诸多层面，还需要紧跟时事脉搏，时刻视节约、集约利用资源，加强体育馆光环境的全过程节约管理，以提高天然光利用效率和效益为己任，为建设社会主义生态文明，推动形成人与自然和谐发展的现代化建设新格局而不断努力。本书仅仅是一个开端，希望能够抛砖引玉，促进该研究的新发展。

附录 I 我国及国际相关组织关于各项体育运动场地的照明标准

《体育场馆照明设计及检测标准》（JGJ153-2007）关于各项体育运动场地的照明标准[17]

篮球、排球场地的照明标准值   附录表-1

等级	使用功能	照度（lx）			照度均匀度						光源		眩光指数
		E_h	E_{vmai}	E_{vaux}	U_h		U_{vmai}		U_{vaux}		R_a	T_{cp}（k）	GR
					U_1	U_2	U_1	U_2	U_1	U_2			
I	训练和娱乐活动	300	—	—	—	0.3	—	—	—	—	≥ 65	—	≤ 35
II	业余比赛、专业训练	500	—	—	0.4	0.6	—	—	—	—	≥ 65	≥ 4000	≤ 30
III	专业比赛	750	—	—	0.5	0.7	—	—	—	—	≥ 65	≥ 4000	≤ 30
IV	TV 转播国家、国际比赛	—	1000	750	0.5	0.7	0.4	0.6	0.3	0.5	≥ 80	≥ 4000	≤ 30
V	TV 转播重大国际比赛	—	1400	1000	0.6	0.8	0.5	0.7	0.3	0.5	≥ 80	≥ 4000	≤ 30
VI	HDTV 转播重大国际比赛	—	2000	1400	0.7	0.8	0.6	0.7	0.4	0.6	≥ 90	≥ 5500	≤ 30
—	TV 应急	—	750	—	0.5	0.7	0.3	0.5	—	—	≥ 80	≥ 4000	≤ 30

注：1. 篮球：背景材料的颜色和反射比应避免混乱。球篮区域上方应无高亮度区。

    2. 排球：在球网附近区域及主运动方向上应避免对运动员造成眩光。

手球、室内足球场地的照明标准值   附录表-2

等级	使用功能	照度（lx）			照度均匀度						光源		眩光指数
		E_h	E_{vmai}	E_{vaux}	U_h		U_{vmai}		U_{vaux}		R_a	T_{cp}（k）	GR
					U_1	U_2	U_1	U_2	U_1	U_2			
I	训练和娱乐活动	300	—	—	—	0.3	—	—	—	—	≥ 65	—	≤ 35
II	业余比赛、专业训练	500	—	—	0.4	0.6	—	—	—	—	≥ 65	≥ 4000	≤ 30

续表

等级	使用功能	照度（lx）			照度均匀度						光源		眩光指数
		E_h	E_{vmai}	E_{vaux}	U_h		U_{vmai}		U_{vaux}		R_a	T_{cp}（k）	GR
					U_1	U_2	U_1	U_2	U_1	U_2			
III	专业比赛	750	—	—	0.5	0.7	—	—	—	—	≥ 65	≥ 4000	≤ 30
IV	TV 转播国家、国际比赛	—	1000	750	0.5	0.7	0.4	0.6	0.3	0.5	≥ 80	≥ 4000	≤ 30
V	TV 转播重大国际比赛	—	1400	1000	0.6	0.8	0.5	0.7	0.3	0.5	≥ 80	≥ 4000	≤ 30
VI	HDTV 转播重大国际比赛	—	2000	1400	0.7	0.8	0.6	0.7	0.4	0.6	≥ 90	≥ 5500	≤ 30
—	TV 应急	—	750	—	0.5	0.7	0.3	0.5	—	—	≥ 80	≥ 4000	≤ 30

注：比赛场地上方应有足够的照度，但应避免对运动员造成眩光。

羽毛球场地的照明标准值 　　　　附录表－3

等级	使用功能	照度（lx）			照度均匀度						光源		眩光指数
		E_h	E_{vmai}	E_{vaux}	U_h		U_{vmai}		U_{vaux}		R_a	T_{cp}（k）	GR
					U_1	U_2	U_1	U_2	U_1	U_2			
I	训练和娱乐活动	300	—	—	—	0.5	—	—	—	—	≥ 65	—	≤ 35
II	业余比赛、专业训练	750/500	—	—	0.5/0.4	0.7/0.6	—	—	—	—	≥ 65	≥ 4000	≤ 30
III	专业比赛	1000/750	—	—	0.5/0.4	0.7/0.6	—	—	—	—	≥ 65	≥ 4000	≤ 30
IV	TV 转播国家、国际比赛	—	1000/750	750/500	0.5/0.4	0.7/0.6	0.4/0.5	0.6/0.5	0.3/0.3	0.5/0.4	≥ 80	≥ 4000	≤ 30
V	TV 转播重大国际比赛	—	1400/1000	1000/750	0.6/0.5	0.8/0.7	0.5/0.3	0.7/0.5	0.3/0.3	0.5/0.4	≥ 80	≥ 4000	≤ 30
VI	HDTV 转播重大国际比赛	—	2000/1400	1400/1000	0.7/0.6	0.8/0.8	0.6/0.4	0.7/0.6	0.4/0.3	0.6/0.5	≥ 90	≥ 5500	≤ 30
—	TV 应急	—	1000/750	—	0.5/0.4	0.7/0.6	0.4/0.3	0.6/0.5	—	—	≥ 80	≥ 4000	≤ 30

注：1. 表格同一格有两个值时，"/"前为主赛区 PA 值，"/"后为总赛区 TA 值。

2. 背景（墙或顶棚）表面的颜色和反射比与球应有足够的对比。

3. 比赛场地上方应有足够的照度，但应避免对运动员造成眩光。

乒乓球场地的照明标准值   附录表 I-4

等级	使用功能	照度（lx）			照度均匀度						光源		眩光指数
		E_h	E_{vmai}	E_{vaux}	U_h		U_{vmai}		U_{vaux}		R_a	T_{cp}（k）	GR
					U_1	U_2	U_1	U_2	U_1	U_2			
I	训练和娱乐活动	300	—	—	—	0.5	—	—	—	—	≥ 65	—	≤ 35
II	业余比赛、专业训练	500	—	—	0.4	0.6	—	—	—	—	≥ 65	≥ 4000	≤ 30
III	专业比赛	1000	—	—	0.5	0.7	—	—	—	—	≥ 65	≥ 4000	≤ 30
IV	TV 转播国家、国际比赛	—	1000	750	0.5	0.7	0.4	0.6	0.3	0.5	≥ 80	≥ 4000	≤ 30
V	TV 转播重大国际比赛	—	1400	1000	0.6	0.8	0.5	0.7	0.3	0.5	≥ 80	≥ 4000	≤ 30
VI	HDTV 转播重大国际比赛	—	2000	1400	0.7	0.8	0.6	0.7	0.4	0.6	≥ 90	≥ 5500	≤ 30
—	TV 应急	—	1000	—	0.5	0.7	0.4	0.6	—	—	≥ 80	≥ 4000	≤ 30

注：1. 比赛场地上空较高高度上应有良好的照度和照度均匀度，但应避免对运动员造成眩光。

    2. 乒乓球台上应无阴影，同时还应避免周边护板阴影的影响。

    3. 比赛场地中四边的垂直照度之比不应大于 1.5。

体操、艺术体操、技巧、蹦床场地的照明标准值   附录表 I-5

等级	使用功能	照度（lx）			照度均匀度						光源		眩光指数
		E_h	E_{vmai}	E_{vaux}	U_h		U_{vmai}		U_{vaux}		R_a	T_{cp}（k）	GR
					U_1	U_2	U_1	U_2	U_1	U_2			
I	训练和娱乐活动	300	—	—	—	0.3	—	—	—	—	≥ 65	—	≤ 35
II	业余比赛、专业训练	500	—	—	0.4	0.6	—	—	—	—	≥ 65	≥ 4000	≤ 30
III	专业比赛	750	—	—	0.5	0.7	—	—	—	—	≥ 65	≥ 4000	≤ 30
IV	TV 转播国家、国际比赛	—	1000	750	0.5	0.7	0.4	0.6	0.3	0.5	≥ 80	≥ 4000	≤ 30
V	TV 转播重大国际比赛	—	1400	1000	0.6	0.8	0.5	0.7	0.3	0.5	≥ 80	≥ 4000	≤ 30
VI	HDTV 转播重大国际比赛	—	2000	1400	0.7	0.8	0.6	0.7	0.4	0.6	≥ 90	≥ 5500	≤ 30
—	TV 应急	—	750	—	0.5	0.7	0.3	0.5	—	—	≥ 80	≥ 4000	≤ 30

注：1. 应避免灯具和天然光对运动员造成直接眩光。

    2. 应避免地面和光泽表面对运动员、观众和摄像机造成间接眩光。

拳击场地的照明标准值   附录表 -6

等级	使用功能	照度（lx）			照度均匀度						光源		眩光指数
		E_h	E_{vmai}	E_{vaux}	U_h		U_{vmai}		U_{vaux}		R_a	T_{cp}（k）	GR
					U_1	U_2	U_1	U_2	U_1	U_2			
I	训练和娱乐活动	500	—	—	—	0.7	—	—	—	—	≥ 65	—	≤ 35
II	业余比赛、专业训练	1000	—	—	0.6	0.8	—	—	—	—	≥ 65	≥ 4000	≤ 30
III	专业比赛	2000	—	—	0.7	0.8	—	—	—	—	≥ 65	≥ 4000	≤ 30
IV	TV 转播国家、国际比赛	—	1000	1000	0.7	0.8	0.4	0.6	0.4	0.6	≥ 80	≥ 4000	≤ 30
V	TV 转播重大国际比赛	—	2000	2000	0.7	0.8	0.6	0.7	0.6	0.7	≥ 80	≥ 4000	≤ 30
VI	HDTV 转播重大国际比赛	—	2500	2500	0.8	0.9	0.7	0.8	0.7	0.8	≥ 90	≥ 5500	≤ 30
—	TV 应急	—	1000	—	0.6	0.8	0.4	0.6			≥ 80	≥ 4000	≤ 30

注：1. 比赛场地上应从各个方向提供照明。摄像机低角度拍摄时，镜头上应无闪烁光。

2. 比赛场地以外应提供照明，使运动员有足够的立体感。

柔道、摔跤、跆拳道、武术场地的照明标准值   附录表 -7

等级	使用功能	照度（lx）			照度均匀度						光源		眩光指数
		E_h	E_{vmai}	E_{vaux}	U_h		U_{vmai}		U_{vaux}		R_a	T_{cp}（k）	GR
					U_1	U_2	U_1	U_2	U_1	U_2			
I	训练和娱乐活动	300	—	—	—	0.5	—	—	—	—	≥ 65	—	≤ 35
II	业余比赛、专业训练	500	—	—	0.4	0.6	—	—	—	—	≥ 65	≥ 4000	≤ 30
III	专业比赛	1000	—	—	0.5	0.7	—	—	—	—	≥ 65	≥ 4000	≤ 30
IV	TV 转播国家、国际比赛	—	1000	1000	0.5	0.7	0.4	0.6	0.4	0.6	≥ 80	≥ 4000	≤ 30
V	TV 转播重大国际比赛	—	1400	1400	0.6	0.8	0.5	0.7	0.5	0.7	≥ 80	≥ 4000	≤ 30
VI	HDTV 转播重大国际比赛	—	2000	2000	0.7	0.8	0.6	0.7	0.6	0.7	≥ 90	≥ 5500	≤ 30
—	TV 应急	—	1000	—	0.5	0.7	0.4	0.6			≥ 80	≥ 4000	≤ 30

注：1. 灯具和顶棚之间的亮度对比应减至最小以防精力分散，顶棚的反射比不宜低于0.6。

2. 背景墙与运动员着装应有良好的对比。

举重场地的照明标准值　　　　　　　　　　　　　附录表 I-8

等级	使用功能	照度（lx）		照度均匀度				光源		眩光指数
		E_h	E_{vmai}	U_h		U_{vmai}		R_a	T_{cp}（k）	GR
				U_1	U_2	U_1	U_2			
I	训练和娱乐活动	300	—	—	0.5	—	—	≥ 65		≤ 35
II	业余比赛、专业训练	500	—	0.4	0.6	—	—	≥ 65	≥ 4000	≤ 30
III	专业比赛	750	—	0.5	0.7	—	—	≥ 65	≥ 4000	≤ 30
IV	TV 转播国家、国际比赛	—	1000	0.5	0.7	0.4	0.6	≥ 80	≥ 4000	≤ 30
V	TV 转播重大国际比赛	—	1400	0.6	0.8	0.5	0.7	≥ 80	≥ 4000	≤ 30
VI	HDTV 转播重大国际比赛	—	2000	0.7	0.8	0.6	0.7	≥ 90	≥ 5500	≤ 30
—	TV 应急		750	0.5	0.7	0.3	0.5	≥ 80	≥ 4000	≤ 30

注：1. 运动员对前方裁判员的信号应清晰可见。
　　2. 比赛场地照明的阴影应减至最小，为裁判员提供最佳视看条件。

击剑场地的照明标准值　　　　　　　　　　　　　附录表 I-9

等级	使用功能	照度（lx）			照度均匀度						光源	
		E_h	E_{vmai}	E_{vaux}	U_h		U_{vmai}		U_{vaux}		R_a	T_{cp}（k）
					U_1	U_2	U_1	U_2	U_1	U_2		
I	训练和娱乐活动	300	200	—	—	0.5	—	0.3	—	—	≥ 65	—
II	业余比赛、专业训练	500	300	—	0.5	0.7	0.3	0.4	—	—	≥ 65	≥ 4000
III	专业比赛	750	500	—	0.5	0.7	0.3	0.4	—	—	≥ 65	≥ 4000
IV	TV 转播国家、国际比赛	—	1000	750	0.5	0.7	0.4	0.6	0.3	0.5	≥ 80	≥ 4000
V	TV 转播重大国际比赛	—	1400	1000	0.6	0.8	0.5	0.7	0.3	0.5	≥ 80	≥ 4000
VI	HDTV 转播重大国际比赛	—	2000	1400	0.7	0.8	0.6	0.7	0.4	0.6	≥ 80	≥ 4000
—	TV 应急	—	1000		0.5	0.7	0.4	0.6	—	—	≥ 80	≥ 4000

注：1. 相对于击剑运动员的白色着装和剑，应提供深色背景。
　　2. 运动员正面方向应有足够的垂直照度，主摄像机相反方向的垂直照度至少应为主摄像机方向的1/2。

游泳、跳水、水球、花样游泳场地的照明标准值　　　　　附录表 −10

等级	使用功能	照度（lx）			照度均匀度						光源	
		E_h	E_{vmai}	E_{vaux}	U_h		U_{vmai}		U_{vaux}		R_a	T_{cp}（k）
					U_1	U_2	U_1	U_2	U_1	U_2		
I	训练和娱乐活动	200	—	—	—	0.3	—	—	—	—	≥ 65	—
II	业余比赛、专业训练	300	—	—	0.3	0.5	—	—	—	—	≥ 65	≥ 4000
III	专业比赛	500	—	—	0.4	0.6	—	—	—	—	≥ 65	≥ 4000
IV	TV 转播国家、国际比赛	—	1000	750	0.5	0.7	0.4	0.6	0.3	0.5	≥ 80	≥ 4000
V	TV 转播重大国际比赛	—	1400	1000	0.6	0.8	0.5	0.7	0.3	0.5	≥ 80	≥ 4000
VI	HDTV 转播重大国际比赛	—	2000	1400	0.7	0.8	0.6	0.7	0.4	0.6	≥ 90	≥ 5500
—	TV 应急	—	750	—	0.5	0.7	0.3	0.5	—	—	≥ 80	≥ 4000

注：1. 应避免人工光和天然光经水面反射对运动员、裁判员、摄像机和观众造成眩光。
　　2. 墙和顶棚的反射比分别不应低于 0.4 和 0.6，池底的反射比不应低于 0.7。
　　3. 应保证距泳池周边 2m 区域、1m 高度有足够的垂直照度。
　　4. 室外场地 V 等级 R_a 和 T_{cp} 的取值应与 VI 等级相同。

冰球、花样滑冰、冰上舞蹈、短道速滑场地的照明标准值　　　　　附录表 −11

等级	使用功能	照度（lx）			照度均匀度						光源		眩光指数
		E_h	E_{vmai}	E_{vaux}	U_h		U_{vmai}		U_{vaux}		R_a	T_{cp}（k）	GR
					U_1	U_2	U_1	U_2	U_1	U_2			
I	训练和娱乐活动	300	—	—	—	0.3	—	—	—	—	≥ 65	—	≤ 35
II	业余比赛、专业训练	500	—	—	0.4	0.6	—	—	—	—	≥ 65	≥ 4000	≤ 30
III	专业比赛	1000	—	—	0.5	0.7	—	—	—	—	≥ 65	≥ 4000	≤ 30
IV	TV 转播国家、国际比赛	—	1000	750	0.5	0.7	0.4	0.6	0.3	0.5	≥ 80	≥ 4000	≤ 30
V	TV 转播重大国际比赛	—	1400	1000	0.6	0.8	0.5	0.7	0.3	0.5	≥ 80	≥ 4000	≤ 30
VI	HDTV 转播重大国际比赛	—	2000	1400	0.7	0.8	0.6	0.7	0.4	0.6	≥ 90	≥ 5500	≤ 30
—	TV 应急	—	1000	—	0.5	0.7	0.4	0.6	—	—	≥ 80	≥ 4000	≤ 30

注：1. 应提供足够的照明消除围板产生的阴影，并应保证在围板附近有足够的垂直照度。
　　2. 应增加对球门区的照明。

速度滑冰场地的照明标准值　　　　　　　　　　　　　　　　附录表 —12

等级	使用功能	照度（lx）			照度均匀度							光源		眩光指数
		E_h	E_{vmai}	E_{vaux}	U_h		U_{vmai}		U_{vaux}		R_a	T_{cp}（k）	GR
					U_1	U_2	U_1	U_2	U_1	U_2			
I	训练和娱乐活动	300	—	—	—	0.3	—	—	—	—	≥ 65	—	≤ 35
II	业余比赛、专业训练	500	—	—	0.4	0.6	—	—	—	—	≥ 65	≥ 4000	≤ 30
III	专业比赛	750	—	—	0.5	0.7	—	—	—	—	≥ 65	≥ 4000	≤ 30
IV	TV 转播国家、国际比赛	—	1000	750	0.5	0.7	0.4	0.6	0.3	0.5	≥ 80	≥ 4000	≤ 30
V	TV 转播重大国际比赛	—	1400	1000	0.6	0.8	0.5	0.7	0.3	0.5	≥ 80	≥ 4000	≤ 30
VI	HDTV 转播重大国际比赛	—	2000	1400	0.7	0.8	0.6	0.7	0.4	0.6	≥ 90	≥ 5500	≤ 30
—	TV 应急	—	750	—	0.5	0.7	0.3	0.5	—	—	≥ 80	≥ 4000	≤ 30

注：1. 对观众和摄像机，冰面的反射眩光应减至最小。
　　2. 内场照明应至少为赛道照明水平的 1/2。

场地自行车场地的照明标准值　　　　　　　　　　　　　　　　附录表 —13

等级	使用功能	照度（lx）			照度均匀度						光源		眩光指数	
		E_h	E_{vmai}	E_{vaux}	U_h		U_{vmai}		U_{vaux}		R_a	T_{cp}（k）	GR	
					U_1	U_2	U_1	U_2	U_1	U_2			室内	室外
I	训练和娱乐活动	200	—	—	—	0.3	—	—	—	—	≥ 65	—	≤ 35	≤ 55
II	业余比赛、专业训练	500	—	—	0.4	0.6	—	—	—	—	≥ 65	≥ 4000	≤ 30	≤ 50
III	专业比赛	750	—	—	0.5	0.7	—	—	—	—	≥ 65	≥ 4000	≤ 30	≤ 50
IV	TV 转播国家、国际比赛	—	1000	750	0.5	0.7	0.4	0.6	0.3	0.5	≥ 80	≥ 4000	≤ 30	≤ 50
V	TV 转播重大国际比赛	—	1400	1000	0.6	0.8	0.5	0.7	0.3	0.5	≥ 80	≥ 4000	≤ 30	≤ 50
VI	HDTV 转播重大国际比赛	—	2000	1400	0.7	0.8	0.6	0.7	0.4	0.6	≥ 90	≥ 5500	≤ 30	≤ 50
—	TV 应急	—	750	—	0.5	0.7	0.3	0.5	—	—	≥ 80	≥ 4000	≤ 30	≤ 50

注：1. 赛道上应有良好的照明均匀度，应避免对骑手造成眩光。
　　2. 赛道终点应有足够的垂直照度以满足计时设备的要求。
　　3. 赛道表面应采用漫反射材料以防止反射眩光。
　　4. 室外场地 V 等级 R_a 和 T_{cp} 的取值应与 VI 等级相同。

射击场地的照明标准值　　　　　　　　　　　　　　附录表-14

等级	使用功能	照度（lx） E_h 射击区、弹道区	照度（lx） E_v 靶心	U_h U_1	U_h U_2	U_v U_1	U_v U_2	光源 R_a	光源 T_{cp}（k）
I	训练和娱乐活动	200	1000	—	0.5	0.6	0.7	≥65	—
II	业余比赛、专业训练	200	1000	—	0.5	0.6	0.7	≥65	≥3000
III	专业比赛	300	1000	—	0.5	0.6	0.7	≥65	≥3000
IV	TV转播国家、国际比赛	500	1500	0.4	0.6	0.7	0.8	≥80	≥3000
V	TV转播重大国际比赛	500	1500	0.4	0.6	0.7	0.8	≥80	≥3000
VI	HDTV转播重大国际比赛	500	2000	0.4	0.6	0.7	0.8	≥80	≥4000

注：1. 应严格避免在运动员射击方向上造成眩光。

　　2. 地面上1m高的平均水平照度和靶心面向运动员水平面上的平均垂直照度之比宜为3：10。

网球场地的照明标准值　　　　　　　　　　　　　　附录表-15

等级	使用功能	照度（lx） E_h	照度（lx） E_{vmai}	照度（lx） E_{vaux}	U_h U_1	U_h U_2	U_{vmai} U_1	U_{vmai} U_2	U_{vaux} U_1	U_{vaux} U_2	光源 R_a	光源 T_{cp}（k）	GR 室外	GR 室内
I	训练和娱乐活动	300	—	—	—	0.5	—	—	—	—	≥65	—	≤55	≤35
II	业余比赛、专业训练	500/300	—	—	0.4/0.3	0.6/0.5	—	—	—	—	≥65	≥4000	≤50	≤30
III	专业比赛	750/500	—	—	0.5/0.4	0.7/0.6	—	—	—	—	≥65	≥4000	≤50	≤30
IV	TV转播国家、国际比赛	—	1000/750	750/500	0.5/0.4	0.7/0.6	0.4/0.3	0.6/0.5	0.3/0.3	0.5/0.4	≥80	≥4000	≤50	≤30
V	TV转播重大国际比赛	—	1400/1000	1000/750	0.6/0.5	0.8/0.7	0.5/0.3	0.7/0.5	0.3/0.3	0.5/0.4	≥90	≥5500	≤50	≤30
VI	HDTV转播重大国际比赛	—	2000/1400	1400/1000	0.7/0.6	0.8/0.7	0.6/0.5	0.7/0.6	0.4/0.5	0.6/0.6	≥90	≥5500	≤50	≤30
—	TV应急	—	1000/750	—	0.5/0.4	0.7/0.6	0.4/0.3	0.6/0.5	—	—	≥80	≥4000	≤50	≤30

注：1. 表格同一格有两个值时，"/"前为主赛区PA值，"/"后为总赛区TA值。

　　2. 球与背景之间应有足够的对比。比赛场地应消除阴影。

　　3. 应避免在运动员运动方向上造成眩光。

　　4. 室内网球V等级 R_a 和 T_{cp} 的取值应与VI等级相同。

国际照明委员会（CIE）关于各项体育运动场地的照明标准[18]

网球场最小水平照度值（lx）　　　　　　　　　　　　附录表 –16

	娱乐	训练	比赛
室外场地水平照度值	—	300	500
室内场地水平照度值	300	500	750
水平照度均匀度：E_{ave}/E_{min}	≤ 1.5	≤ 1.5	≤ 1.3

注：1. 表中数值为地面上的、平均的、水平照度使用值。

2. 初始照度值约为使用照度值的 1.2 ~ 1.5 倍。

3. 直接照明要适当控制眩光。

4. 观众席照明应另行考虑。

游泳项目的垂直照度（维特值）　　　　　　　　　　附录表 –17

拍摄距离	25m	75m	150m
A 类	400lx	560lx	800lx

照度比和均匀度

$E_{haverage} : E_{vave} = 0.5 ~ 2$（对于参考面）

$E_{vmin} : E_{vmax} ≥ 0.4$（对于参考面）

$E_{hmin} : E_{hmax} ≥ 0.5$（对于参考面）

$E_{vmin} : E_{vmax} ≥ 0.3$（每个格点的四个方向）

注：1. 眩光指数 GR < 50，仅用于户外。

2. 主赛区（PA）：50m×21m（8 泳道），或 50m×25m（10 泳道）；安全区：绕泳池 2m 宽。

3. 总赛区（TA）：54m×25m（或 29m）。

4. 附近有跳水池，两地之间的距离应为 4 ~ 5m。

5. 对于水球，使用池中央 30m 区。

CIE 关于跳水场地的照明标准　　　　　　　　　　附录表 –18

	照度（lx）		照度均匀度（最小值）			
			水平方向		垂直方向	
	$E_{v. Cam. min}$	$E_{h. ave}$	E_{min}/E_{max}	E_{min}/E_{ave}	E_{min}/E_{max}	E_{min}/E_{ave}
比赛场地	1400	见比值	0.7	0.8	0.6	0.7
全赛区	1400	见比值	0.6	0.7	0.4	0.6
隔离区		见比值	0.4	0.6		
观众席（C1 号摄像机）	见比值				0.3	0.5
比率						
$E_{h. ave. FOP}/E_{v. ave. Cam. FOP}$			≥ 0.75 且 ≤ 1.5			
$E_{h. ave. deck}/E_{v. ave. Cam. deck}$			≥ 0.5 且 ≤ 2.0			

续表

	照度（lx）		照度均匀度（最小值）			
			水平方向		垂直方向	
	$E_{v.\,Cam.\,min}$	$E_{h.\,ave}$	E_{min}/E_{max}	E_{min}/E_{ave}	E_{min}/E_{max}	E_{min}/E_{ave}
FOP 计算点四个平面 E_v 最小值与最大值的比值			≥ 0.6			
$E_{v.\,ave.\,spec}/E_{v.\,ave.\,Cam.\,FOP}$			≥ 0.1 且 ≤ 0.25			
$E_{v.\,min.\,TRZ}$			≥ $E_{v.\,ave.\,C1.\,FOP}$			
均匀度变化梯度（最大值）						
UG–FOP（2m 和 1m 格栅）			≤ 20%			
UG–deck（4m 格栅）			≤ 10%			
UG– 观众席（正对 1 号摄像机）			≤ 20%			
光源						
CRI Ra			≥ 90			
T_k			5600K			
镜头频闪 – 眩光指数 GR						
固定摄像机的眩光指数			≤ 40（最好 ≤ 30）			

速度滑冰项目的垂直照度（维特值）　　　　　　　附录表 –19

拍摄距离	25m	75m	150m
B 类	560lx	800lx	1120lx

照度比和均匀度

$E_{h.\,ave} : E_{v.\,ave}$ =0.5 ~ 2（对于参考面）

$E_{v.\,min} : E_{v.\,max}$ ≥ 0.4（对于参考面）

$E_{h.\,min} : E_{h.\,max}$ ≥ 0.5（对于参考面）

$E_{v.\,min} : E_{v.\,max}$ ≥ 0.3（每个格点的四个方向）

注：1. 标准的国际速滑赛道长度为 400m，赛道长度为 333m。不少标准赛道，不用于国际赛事。

　　2. 计算网格是 5m×5m，或为 2.5m×2.5m；测量网格赛道为 5m×5m，总赛区为 10m×10m。

冰球项目的垂直照度（维特值）　　　　　　　附录表 –20

拍摄距离	25m	75m	150m
C 类	800lx	1120lx	

照度比和均匀度

$E_{h.\,ave} : E_{v.\,ave}$ =0.5 ~ 2（对于参考面）

$E_{v.\,min} : E_{v.\,max}$ ≥ 0.4（对于参考面）

$E_{h.\,min} : E_{h.\,max}$ ≥ 0.5（对于参考面）

$E_{v.\,min} : E_{v.\,max}$ ≥ 0.3（每个格点的四个方向）

注：1. 主赛区（PA）尺寸为 60m×30m，围板最小高度为 1m，附加预备队员座位区。

　　2. 计算网格、测量网格均为 5m×5m。

　　3. 应消除围板附近的阴影，因为许多精彩动作在围板附近完成。

室内射击项目的垂直照度标准值（维特值）　　　　　　附录表 −21

拍摄距离	25m	75m	150m
A 类	400lx	560lx	800lx

照度比和均匀度

$E_{\text{haverage}} : E_{\text{vave}} = 0.5 \sim 2$（对于参考面）

$E_{\text{vmin}} : E_{\text{vmax}} \geq 0.4$（对于参考面）

$E_{\text{hmin}} : E_{\text{hmax}} \geq 0.5$（对于参考面）

$E_{\text{vmin}} : E_{\text{vmax}} \geq 0.3$（每个格点的四个方向）

注：1. 主赛区（PA）的长度取决于比赛项目，如 50m 气步枪，发射区至靶子的距离为 50m。PA 的宽度由射击道数量决定，射击道中心至中心距离为 1 ~ 1.5m。靶子后面还有 5 ~ 7m 的附加空间，如确有困难，附加空间至少为 3m。
　　2. 靶子的照度为 800 ~ 1000lx，发射区的照度为 300lx，射击道的照明可以低一些。
　　3. 主摄像机位于射击手和目标的侧面或背后。
　　4. 计算网格在地面上方高度 1m 处的网格为 2.5m×2.5m。

国际体育联合会（GAISF）关于各项体育运动场地的照明标准[18]

室内田径场照明标准　　　　　　附录表 −22

运动类型		E_h（lx）	E_{vmai}（lx）	E_{vsec}（lx）	水平照度均匀度		垂直照度均匀度		R_a	T_k（K）
					U_1	U_2	U_1	U_2		
业余水平	体能训练	150	—	—	0.4	0.6	—	—	20	4000
	非比赛、娱乐活动	300	—	—	0.4	0.6	—	—	65	4000
	国内比赛	500	—	—	0.5	0.7	—	—	65	4000
专业水平	体能训练	300	—	—	0.4	0.6	—	—	65	4000
	国内比赛	750	—	—	0.5	0.7	—	—	65	4000
	TV 转播的国内比赛	—	750	500	0.5	0.7	0.3	0.5	65	4000
	TV 转播的国际比赛	—	1000	750	0.6	0.7	0.4	0.6	65，最好 80	4000
	高清晰度 HDTV 转播	—	2000	1500	0.7	0.8	0.6	0.7	80	4000
	TV 应急	—	750	—	0.5	0.7	0.3	0.5	65，最好 80	4000

注：1. 计算网格为 2m×2m，测量网格最好为 2m×2m，最大不超过 4m。
　　2. 摄像机没有固定位置，转播时与广播电视公司协商确定。
　　3. 用于集会、演出、展览时，除满足表中要求外，另行增加舞台照明。

室内足球场照明标准 附录表 −23

运动类型		E_h (lx)	E_{vmai} (lx)	E_{vsec} (lx)	水平照度均匀度		垂直照度均匀度		R_a	T_k (K)
					U_1	U_2	U_1	U_2		
业余水平	体能训练	150	—	—	0.4	0.6	—	—	20	4000
	非比赛、娱乐活动	300	—	—	0.4	0.6	—	—	65	4000
	国内比赛	500	—	—	0.5	0.7	—	—	65	4000
专业水平	体能训练	300	—	—	0.4	0.6	—	—	65	4000
	国内比赛	750	—	—	0.5	0.7	—	—	65	4000
	TV 转播的国内比赛	—	1000	700	0.4	0.6	0.3	0.5	65	4000
	TV 转播的国际比赛	—	1400	1000	0.6	0.7	0.4	0.6	65，最好 80	4000
	高清晰度 HDTV 转播	—	2000	1500	0.7	0.8	0.6	0.7	80	4000
	TV 应急	—	1000	—	0.4	0.6	0.3	0.5	65，最好 80	4000

俱乐部级、电视转播网球场照明参数推荐值（室内） 附录表 −24

分类		E_h (lx)		E_v (lx)		E_h 均匀度				E_v 均匀度				T_k (K)
						U_1		U_2		U_1		U_2		
		PPA	TPA	PPA	TPA	PPA	TPA	PPA	TPA	PPA	TPA	PPA	TPA	
训练		500	400	—	—	0.4	0.3	0.6	0.5	—	—	—	—	4000
国内比赛		750	600	—	—	0.4	0.3	0.6	0.5	—	—	—	—	4000
国际比赛		1000	800	—	—	0.4	0.3	0.6	0.5	—	—	—	—	4000
电视	25m	—	—	1000	700	0.5	0.3	0.6	0.5	0.5	0.3	0.6	0.5	4000/5500
	75m	—	—	1400	1000	0.5	0.3	0.6	0.5	0.5	0.3	0.6	0.5	4000/5500
HDTV		—	—	2500	1750	0.7	0.6	0.8	0.7	0.7	0.6	0.8	0.7	4000/5500

注：1. $GR \leqslant 50$，$Ra \geqslant 65$，彩色电视、HDTV、电影转播最好 $Ra \geqslant 90$。
2. 色温 T_k=5500K 为更佳值。

篮球、排球场照明标准   附录表 -25

运动类型		E_h（lx）	E_{vmai}（lx）	E_{vsec}（lx）	水平照度均匀度		垂直照度均匀度		R_a	T_k（K）
					U_1	U_2	U_1	U_2		
业余水平	体能训练	150	—	—	0.4	0.6			20	4000
	非比赛、娱乐活动	300	—	—	0.4	0.6			65	4000
	国内比赛	600	—	—	0.5	0.7			65	4000
专业水平	体能训练	300	—	—	0.4	0.6			65	4000
	国内比赛	750	—	—	0.5	0.7			65	4000
	TV 转播的国内比赛	—	750	500	0.5	0.7	0.3	0.5	65	4000
	TV 转播的国际比赛	—	1000	750	0.6	0.7	0.4	0.6	65，最好 80	4000
	高清晰度 HDTV 转播	—	2000	1500	0.7	0.8	0.6	0.7	80	4000
	TV 应急	—	750	—	0.5	0.7	0.3	0.5	65，最好 80	4000

注：1. 比赛场地大小：篮球 19m×32m（PPA：15m×28m）；排球 13m×22m（PPA：9m×18m）。

2. 摄像机最佳位置：主摄像机设在比赛场地长轴线的垂线上，标准高度 4～5m；辅摄像机设在球门、边线、底线的后部。

3. 计算网格为 2m×2m。

4. 测量网格（最好）为 2m×2m，最大为 4m。

5. 由于运动员不时地往上看，应避免看到顶棚和照明灯之间的视差。

6. 国际业余篮球联合会（FIBA）规定，对于新建体育设施，举行有电视转播的国际比赛，总面积为 40m×25m 的赛场，其正常垂直照度要求不低于 1500lx。照明灯（顶棚为磨光时）布置应避免对运动员和观众产生眩光。

7. 国际排联（FVB）要求的比赛场地规模为 19m×34m（PPA：9m×18m），主摄像机方向的最小垂直照度为 1500lx。

羽毛球场照明标准   附录表 -26

运动类型		E_h（lx）	E_{vmai}（lx）	E_{vsec}（lx）	水平照度均匀度		垂直照度均匀度		R_a	T_k（K）
					U_1	U_2	U_1	U_2		
业余水平	体能训练	150	—	—	0.4	0.6	—	—	20	4000
	非比赛、娱乐活动	300/250	—	—	0.4	0.6	—	—	65	4000
	国内比赛	750/600	—	—	0.5	0.7	—	—	65	4000

续表

运动类型		E_h （lx）	E_{vmai} （lx）	E_{vsec} （lx）	水平照度均匀度		垂直照度均匀度		R_a	T_k （K）
					U_1	U_2	U_1	U_2		
专业水平	体能训练	300	—	—	0.4	0.6	—	—	65	4000
	国内比赛	1000/ 800	—	—	0.5	0.7	—	—	65	4000
	TV 转播的 国内比赛	—	1000/ 700	750/ 500	0.5	0.7	0.3	0.5	65	4000
	TV 转播的 国际比赛	—	1250/ 1000	1000/ 700	0.6	0.7	0.4	0.6	65，最 好 80	4000
	高清晰度 HDTV 转播	—	2000/ 1400	1500/ 1050	0.7	0.8	0.6	0.7	80	4000
	TV 应急	—	1000/ 700	—	0.5	0.7	0.3	0.5	65，最 好 80	4000

注：1. 比赛场地大小，PPA：6.1m×13.4m，TPA：10.1m×19.4m。

2. 摄像机最佳位置：主摄像机设在球场的后部，高度 4～6m，离最近底线 12～20m。辅助摄像机靠近发球线，每边一个，用于慢动作的回放等情况，在球场边线后面的地板上。

3. 计算网格为 2m×2m。

4. 测量网格最好为 2m×2m，最大为 4m×4m。

5. 表中每格有两个照度值。前面数值为标准的比赛场地（PPA）照度值，后面是整个场地（TPA）的照度值。PPA 不能存在阴影。为了提供一个较暗的背景，使羽毛球有较好的对比，整个场地照度可以低于 PPA 的照度。由于运动员经常往上看，建议 PPA 的上部和后部不装设照明灯，以减少眩光。

6. 国际羽联 IBF 要求：对于主要的国际比赛，顶棚照明灯的安装高度应至少为 12m(整个 PPA 上面)，两块球场之间的距离至少为 4m。

乒乓球场照明标准　　　　　　　　　　　　　　　　　　　　　附录表 -27

运动类型		E_h（lx）	E_{vmai} （lx）	E_{vsec} （lx）	水平照度均匀度		垂直照度均匀度		R_a	T_k （K）
					U_1	U_2	U_1	U_2		
业余水平	体能训练	150	—	—	0.4	0.6	—	—	20	4000
	非比赛、 娱乐活动	300	—	—	0.4	0.6	—	—	65	4000
	国内比赛	500	—	—	0.5	0.7	—	—	65	4000
专业水平	体能训练	300	—	—	0.4	0.6	—	—	65	4000
	国内比赛	750	—	—	0.5	0.7	—	—	65	4000
	TV 转播的 国内比赛	—	1000	700	0.4	0.6	0.3	0.5	65	4000

续表

运动类型		E_h（lx）	E_{vmai}（lx）	E_{vsec}（lx）	水平照度均匀度		垂直照度均匀度		R_a	T_k（K）
					U_1	U_2	U_1	U_2		
专业水平	TV 转播的国际比赛	—	1400	1000	0.6	0.7	0.4	0.6	65，最好 80	4000
	高清晰度 HDTV 转播	—	2000	1500	0.7	0.8	0.6	0.7	80	4000
	TV 应急	—	1000	—	0.4	0.6	0.3	0.5	65，最好 80	4000

注：1. 乒乓球比赛场地大小：7m×14m，PPA：1.52m×2.72m。

2. 摄像机最佳位置：主摄像机沿比赛场地的边线或垂线设置，辅助摄像机设置高度与球网齐。

3. 计算网格为 2m×2m。

4. 测量网格最好为 2m×2m，最大为 4m。

5. 国际乒联 ITTF：照明设计应限制从球台到底的阴影。

体操、艺术体操、技巧、蹦床场照明标准　　　　　附录表 —28

运动类型		E_h（lx）	E_{vmai}（lx）	E_{vsec}（lx）	水平照度均匀度		垂直照度均匀度		R_a	T_k（K）
					U_1	U_2	U_1	U_2		
业余水平	体能训练	150	—	—	0.4	0.6	—	—	20	4000
	非比赛、娱乐活动	300	—	—	0.4	0.6	—	—	65	4000
	国内比赛	500	—	—	0.5	0.7	—	—	65	4000
专业水平	体能训练	300	—	—	0.4	0.6	—	—	65	4000
	国内比赛	750	—	—	0.5	0.7	—	—	65	4000
	TV 转播的国内比赛	—	750	500	0.5	0.7	0.3	0.5	65	4000
	TV 转播的国际比赛	—	1000	750	0.6	0.7	0.4	0.6	65，最好 80	4000
	高清晰度 HDTV 转播	—	2000	1500	0.7	0.8	0.6	0.7	80	4000
	TV 应急	—	750	—	0.5	0.7	0.3	0.5	65，最好 80	4000

注：1. 计算网格为 2m×2m，测量网格最好为 2m×2m，最大不超过 4m。

2. 摄像机没有固定位置，转播时与广播电视公司协商确定。

手球场照明标准

附录表 −29

运动类型		E_h（lx）	E_{vmai}（lx）	E_{vsec}（lx）	水平照度均匀度		垂直照度均匀度		R_a	T_k（K）
					U_1	U_2	U_1	U_2		
业余水平	体能训练	150	—	—	0.4	0.6	—	—	20	4000
	非比赛、娱乐活动	300	—	—	0.4	0.6	—	—	65	4000
	国内比赛	500	—	—	0.5	0.7	—	—	65	4000
专业水平	体能训练	300	—	—	0.4	0.6	—	—	65	4000
	国内比赛	750	—	—	0.5	0.7	—	—	65	4000
	TV 转播的国内比赛	—	1000	700	0.4	0.6	0.3	0.5	65	4000
	TV 转播的国际比赛	—	1400	1000	0.6	0.7	0.4	0.6	65，最好 80	4000
	高清晰度 HDTV 转播	—	2000	1500	0.7	0.8	0.6	0.7	80	4000
	TV 应急	—	1000	—	0.4	0.6	0.3	0.5	65，最好 80	4000

注：1. 手球比赛场地大小：24m×44m（PPA：20m×40m）。
　　2. 摄像机最佳位置：主摄像机沿比赛场地的边线或垂线设置，辅助摄像机设置高度与球门齐或球门线和接触线的后部。重大赛事，由电视转播机构提供摄像机位及要求。
　　3. 计算网格为 2m×2m。
　　4. 测量网格最好为 2m×2m，最大为 4m。
　　5. 国际手联 IHF 要求：当观众人数为 1000 人时，水平照度为 400lx；当观众人数为 9000 人时，垂直照度为 1200lx。

拳击场照明标准

附录表 −30

运动类型		E_h（lx）	E_{vmai}（lx）	E_{vsec}（lx）	水平照度均匀度		垂直照度均匀度		R_a	T_k（K）
					U_1	U_2	U_1	U_2		
业余水平	体能训练	150	—	—	0.4	0.6	—	—	20	4000
	非比赛、娱乐活动	500	—	—	0.5	0.7	—	—	65	4000
	国内比赛	1000	—	—	0.5	0.7	—	—	65	4000
专业水平	体能训练	500	—	—	0.5	0.7	—	—	65	4000
	国内比赛	2000	—	—	0.5	0.7	—	—	65	4000
	TV 转播的国内比赛	—	1000	1000	0.5	0.7	0.6	0.7	65	4000

续表

运动类型		E_h（lx）	E_{vmai}（lx）	E_{vsec}（lx）	水平照度均匀度		垂直照度均匀度		R_a	T_k（K）
					U_1	U_2	U_1	U_2		
专业水平	TV 转播的国际比赛	—	2000	2000	0.6	0.7	0.6	0.7	65，最好80	4000
	高清晰度HDTV 转播	—	2500	2500	0.7	0.8	0.7	0.8	80	4000
	TV 应急	—	1000		0.5	0.7	0.6	0.7	65，最好80	4000

注：1. 拳击比赛场地大小：12m×12m。

2. 摄像机最佳位置：在比赛场的主要边角，成对角布置。有时在裁判席的后面或附近。

3. 计算网格为 1m×1m。

4. 测量网格（最好和最大）为 1m×1m。

5. 比赛场地可能建在一个平台上（最大高度为 1.1m）。照度的计算高度应为平台的高度。一般照明有可能用于训练和娱乐活动、高等级比赛，照明应只集中在比赛场地上，不能有任何阴影，而周围相对较暗。

柔道、摔跤、跆拳道、武术场照明标准　　　　　　　　　　附录表－31

运动类型		E_h（lx）	E_{vmai}（lx）	E_{vsec}（lx）	水平照度均匀度		垂直照度均匀度		R_a	T_k（K）
					U_1	U_2	U_1	U_2		
业余水平	体能训练	150	—	—	0.4	0.6	—	—	20	4000
	非比赛、娱乐活动	500	—	—	0.5	0.7	—	—	65	4000
	国内比赛	1000	—	—	0.5	0.7	—	—	65	4000
专业水平	体能训练	500	—	—	0.5	0.7	—	—	65	4000
	国内比赛	2000	—	—	0.5	0.7	—	—	65	4000
	TV 转播的国内比赛	—	1000	1000	0.5	0.7	0.6	0.7	65	4000
	TV 转播的国际比赛	—	2000	2000	0.6	0.7	0.6	0.7	65，最好80	4000
	高清晰度HDTV 转播	—	2500	2500	0.7	0.8	0.7	0.8	80	4000
	TV 应急	—	1000	—	0.5	0.7	0.6	0.7	65，最好80	4000

注：1. 比赛场地大小：柔道，（16～18）m×（30～34）m（2个榻榻米）；武术，8m×8m（散打）和 14m×8m（套路）；跆拳道，12m×12m；摔跤，12m×12m。

2. 摄像机最佳位置：在比赛场的主要边角，成对角布置。有时在裁判席的后面或附近。

3. 计算网格为 1m×1m。

4. 测量网格（最好和最大）为 1m×1m。

举重场照明标准　　　　　　　　　　　　　　附录表 -32

运动类型		E_h（lx）	E_{vmai}（lx）	E_{vsec}（lx）	水平照度均匀度		垂直照度均匀度		R_a	T_k（K）
					U_1	U_2	U_1	U_2		
业余水平	体能训练	150	—	—	0.4	0.6	—	—	20	4000
	非比赛、娱乐活动	300	—	—	0.4	0.6	—	—	65	4000
	国内比赛	750	—	—	0.5	0.7	—	—	65	4000
专业水平	体能训练	300	—	—	0.4	0.6	—	—	65	4000
	国内比赛	1000	—	—	0.5	0.7	—	—	65	4000
	TV 转播的国内比赛	—	750	—	0.5	0.7	0.6	0.7	65	4000
	TV 转播的国际比赛	—	1000	—	0.6	0.7	0.6	0.7	65，最好 80	4000
	高清晰度 HDTV 转播	—	2500	—	0.7	0.8	0.7	0.8	80	4000
	TV 应急	—	750	—	0.5	0.7	0.6	0.7	65，最好 80	4000

注：1. 举重比赛场地大小：10m×10m 或 12m×12m，设有 4m×4m 平台。

2. 摄像机最佳位置：主摄像机面向运动员，次摄像机设在热身区和入口处。

3. 计算网格为 1m×1m。

4. 测量网格（最好 / 最大）为 1m×1m。

5. 国际举联 IWF 规定：无论比赛是业余还是专业的，是国际性的还是国内比赛，照明要求都是相同的。

击剑场照明标准　　　　　　　　　　　　　　附录表 -33

运动类型		E_h（lx）	E_{vmai}（lx）	E_{vsec}（lx）	水平照度均匀度		垂直照度均匀度		R_a	T_k（K）
					U_1	U_2	U_1	U_2		
业余水平	体能训练	150	—	—	0.4	0.6	—	—	20	4000
	非比赛、娱乐活动	300	—	—	0.4	0.6	—	—	65	4000
	国内比赛	500	—	—	0.5	0.7	—	—	65	4000
专业水平	体能训练	300	—	—	0.4	0.6	—	—	65	4000
	国内比赛	750	—	—	0.5	0.7	—	—	65	4000
	TV 转播的国内比赛	—	1000	750	0.4	0.6	0.3	0.5	65	4000

续表

运动类型		E_h（lx）	E_{vmai}（lx）	E_{vsec}（lx）	水平照度均匀度		垂直照度均匀度		R_a	T_k（K）
					U_1	U_2	U_1	U_2		
专业水平	TV 转播的国际比赛	—	1400	1000	0.6	0.7	0.4	0.6	65，最好 80	4000
	高清晰度 HDTV 转播	—	2000	1500	0.7	0.8	0.6	0.7	80	4000
	TV 应急	—	1000		0.4	0.6	0.3	0.5	65，最好 80	4000

注：1. 击剑比赛场地大小：18m×2m（PPA：14m×2m）。

2. 摄像机最佳位置：主摄像机与比赛场地的边线垂直设置，次摄像机设两侧运动员的后部。

3. 计算网格为 2m×2m。

4. 测量网格最好为 2m×2m，最大为 4m。

场地自行车照明标准　　　　　　　　　　　　　　附录表 −34

运动类型		E_h（lx）	E_{vmai}（lx）	E_{vsec}（lx）	水平照度均匀度		垂直照度均匀度		R_a	T_k（K）
					U_1	U_2	U_1	U_2		
业余水平	体能训练	150	—	—	0.4	0.6	—	—	20	4000
	非比赛、娱乐活动	300	—	—	0.4	0.6	—	—	65	4000
	国内比赛	500	—	—	0.5	0.7	—	—	65	4000
专业水平	体能训练	300	—	—	0.4	0.6	—	—	65	4000
	国内比赛	750	—	—	0.5	0.7	—	—	65	4000
	TV 转播的国内比赛	—	750	500	0.5	0.7	0.3	0.5	65	4000
	TV 转播的国际比赛	—	1000	750	0.6	0.7	0.4	0.6	65，最好 80	4000
	高清晰度 HDTV 转播	—	2000	1500	0.7	0.8	0.6	0.7	80	4000
	TV 应急	—	750		0.5	0.7	0.3	0.5	65，最好 80	4000

注：1. 计算网格为 2m×2m，测量网格最好为 2m×2m，最大不超过 4m。

2. 摄像机没有固定位置，转播时与广播电视公司协商确定。

奥运会关于各项体育运动场地的照明标准[18]

篮球、排球场照明标准   附录表－35

位置	照度（lx）		照度均匀度（最小值）			
			水平方向		垂直方向	
	$E_{v.\,Cam.\,min}$	$E_{h.\,ave}$	E_{min}/E_{max}	E_{min}/E_{ave}	E_{min}/E_{max}	E_{min}/E_{ave}
	（见注2）					
比赛场地	1400		0.7	0.8	0.7	0.8
总场地	1100		0.6	0.7	0.4	0.6
隔离区		150	0.4	0.6		
观众（C1号摄像机）	见比值表				0.3	0.5

$E_{h.\,ave.\,FOP}/E_{v.\,ave.\,CAM.\,FOP}$	≥ 0.75 和 ≤ 1.5
$E_{h.\,ave.\,TPA}/E_{v.\,ave.\,TPA}$	≥ 0.5 和 ≤ 2.0
$E_{h.\,ave.\,TPA}/E_{h.\,ave.\,FOP}$	0.5 ～ 0.7
计算点四个平面 E_v 最小值与最大值的比值	≥ 0.6
$E_{v.\,ave.C1.\,spec}/E_{v.\,ave.\,C1.\,FOP}$	≥ 0.1 和 ≤ 0.20
$E_{v.\,min.\,TRZ}$	≥ $E_{v.\,ave.\,FOP}$
照度梯度	UG-FOP（1m）	≤ 20%
	UG-TPA（4m）	≤ 10%
	UG- 观众席（主摄像机方向）	≤ 20%
光源	CRI Ra	≥ 90
	T_k	5600K
相对于固定摄像机的眩光等级 GR		≤ 40

注：1. 关于摄像机机位，由电视转播公司确定。

2. $E_{v.\,min}$ 为任意一点的最小值，而非最小平均值。

3. 观众席——前12排坐姿高度倾斜计算平面，12排以后的照度均匀递减。

4. 比赛场地内与场地四周垂直相交的四个平面上任何一点的 $E_{v.\,min}$ 与 $E_{v.\,max}$ 之比值应等于或大于0.6。

5. 奥运会期间该照度为最低照度。

6. 缩写与定义：

FOP：主赛区，指双边线及端线范围内的区域。

TPA：整个比赛场地，包括场地外的缓冲区域。

Cam：摄像机，C1号摄像机为主摄像机。

AMZ：投球线及端线的区域。

Spec：观众席。

隔离区：观众席护栏与场地之间的区域。

羽毛球场照明标准　　　　　　　　　　　　　　　　　　　附录表 −36

位置	照度（lx）		照度均匀度（最小值）			
	$E_{v.\,Cam.\,min}$	$E_{h.\,ave}$	水平方向		垂直方向	
	（见注 2）		E_{min}/E_{max}	E_{min}/E_{ave}	E_{min}/E_{max}	E_{min}/E_{ave}
比赛场地	1400		0.7	0.8	0.7	0.8
总场地	1000		0.6	0.7	0.6	0.7
隔离区		150	0.4	0.6		
观众（C1 号摄像机）	见比值表				0.3	0.5
$E_{h.\,ave.\,FOP}/E_{v.\,ave.\,CAM.\,FOP}$			≥ 0.75 和 ≤ 1.5			
$E_{h.\,ave.\,TPA}/E_{v.\,ave.\,TPA}$			≥ 0.5 和 ≤ 2.0			
$E_{h.\,ave.\,TPA}/E_{h.\,ave.\,FOP}$			0.5 ~ 0.7			
计算点四个平面 E_v 最小值与最大值的比值			≥ 0.6			
观众席：FOP 摄像机平均垂直照度值			≥ 0.1 和 ≤ 0.25			
照度梯度	UG–FOP（1m 和 2m）		≤ 20%			
	UG–TPA（4m）		≤ 10%			
	UG– 观众席（主摄像机方向）		≤ 20%			
光源	CRI Ra		≥ 90			
	T_k		5600K			
相对于固定摄像机的眩光等级 GR			≤ 40			

注：同附录表 −36。

乒乓球场照明标准　　　　　　　　　　　　　　　　　　　附录表 −37

位置	照度（lx）		照度均匀度（最小值）			
	$E_{v.\,Cam.\,min}$	$E_{h.\,ave}$	水平方向		垂直方向	
	（见注 2）		E_{min}/E_{max}	E_{min}/E_{ave}	E_{min}/E_{max}	E_{min}/E_{ave}
比赛场地	1400		0.7	0.8	0.7	0.8
总场地	1000		0.6	0.7	0.6	0.7
隔离区		≤ 150	0.4	0.6		
观众（C1 号摄像机）	见比值表				0.3	0.5
$E_{h.\,ave.\,FOP}/E_{v.\,ave.\,CAM.\,FOP}$			≥ 0.75 和 ≤ 1.5			
$E_{h.\,ave.\,TPA}/E_{v.\,ave.\,TPA}$			≥ 0.5 和 ≤ 2.0			
$E_{h.\,ave.\,TPA}/E_{h.\,ave.\,FOP}$			0.5 ~ 0.7			
计算点四个平面 E_v 最小值与最大值的比值			≥ 0.6			
$E_{v.\,ave.C1.\,spec}/E_{v.\,ave.\,C1.\,FOP}$			≥ 0.1 和 ≤ 0.25			
照度梯度	UG–FOP（1m 和 2m）		≤ 20%			
	UG–TPA（4m）		≤ 10%			
	UG– 观众席（主摄像机方向）		≤ 20%			
光源	CRI Ra		≥ 90			
	T_k		5600K			
相对于固定摄像机的眩光等级 GR			≤ 40			

注：同附录表 −36。

体操、艺术体操、技巧、蹦床场照明标准　　　　　　　　　　　　附录表-38

位置	照度（lx）		照度均匀度（最小值）			
			水平方向		垂直方向	
	$E_{v.Cam.min}$	$E_{h.ave}$	E_{min}/E_{max}	E_{min}/E_{ave}	E_{min}/E_{max}	E_{min}/E_{ave}
	（见注2）					
比赛场地	1400		0.7	0.8	0.6	0.7
表情拍摄点	1000		0.6	0.7	0.7	0.8
总场地（垫子以外，护栏以里）	1000		0.6	0.7	0.4	0.6
隔离区		≤ 150	0.4	0.6		
观众（C1 号摄像机）	见比值表				0.3	0.5
$E_{h.ave.FOP}/E_{v.ave.CAM.FOP}$			≥ 0.75 和 ≤ 1.5			
$E_{h.ave.TPA}/E_{v.ave.TPA}$			≥ 0.5 和 ≤ 2.0			
$E_{h.ave.TPA}/E_{h.ave.FOP}$			0.5 ~ 0.7			
计算点四个平面 E_v 最小值与最大值的比值			≥ 0.6			
$E_{v.ave.C1.spec}/E_{v.ave.C1.FOP}$			≥ 0.1 和 ≤ 0.20			
照度梯度	UG-FOP（1m 和 2m）		≤ 20%			
	UG-TPA（4m）		≤ 10%			
	UG-观众席（主摄像机方向）		≤ 20%			
光源	CRI Ra		≥ 90			
	T_k		5600K			
相对于固定摄像机的眩光等级 GR			≤ 40			

注：1. 关于摄像机机位，由电视转播公司确定。

2. $E_{v.min}$ 为任意一点的最小值，而非最小平均值。

3. 观众席——前 12 排坐姿高度倾斜计算平面，12 排以后的照度均匀递减。

4. 比赛场地内与场地四周垂直相交的四个平面上任何一点的 $E_{v.min}$ 与 $E_{v.max}$ 之比值应等于或大于 0.6。

5. 奥运会期间该照度为最低限度。主摄像机 C1 号最大垂直照度位于瞄准垫子中心方向。

6. 缩写与定义：

FOP：主赛区，指双边线及端线范围内的区域。

TPA：整个比赛场地，包括场地外的缓冲区域。

Cam：摄像机，C1 号摄像机为主摄像机。

AMZ：投球线及端线的区域。

Spec：观众席。

隔离区：观众席护栏与场地之间的区域。

手球场照明标准 附录表－39

位置	照度（lx）		照度均匀度（最小值）			
	$E_{v.\,Cam.\,min}$	$E_{h.\,ave}$	水平方向		垂直方向	
	（见注 2）		E_{min}/E_{max}	E_{min}/E_{ave}	E_{min}/E_{max}	E_{min}/E_{ave}
比赛场地	1400		0.7	0.8	0.7	0.8
总场地（护栏之内）	1400		0.6	0.7	0.4	0.6
隔离区（护栏外）		≤ 150	0.4	0.6		
观众（C1 号摄像机）	见比值表				0.3	0.5

$E_{h.\,ave.\,FOP}/E_{v.\,ave.\,CAM.\,FOP}$		≥ 0.75 和 ≤ 1.5
$E_{h.\,ave.\,TPA}/E_{v.\,ave.\,TPA}$		≥ 0.5 和 ≤ 2.0
$E_{h.\,ave.\,TPA}/E_{h.\,ave.\,FOP}$		0.5 ～ 0.7
计算点四个平面 E_v 最小值与最大值的比值		≥ 0.6
$E_{v.\,ave.C1.\,spec}/E_{v.\,ave.\,C1.\,FOP}$		≥ 0.1 和 ≤ 0.25
照度梯度	UG–FOP（1m 和 2m）	≤ 20%
	UG–TPA（4m）	≤ 10%
	UG– 观众席（主摄像机方向）	≤ 20%
光源	CRI Ra	≥ 90
	T_k	5600K
相对于固定摄像机的眩光等级 GR		≤ 40

注：1. 关于摄像机机位，由电视转播公司确定。
2. $E_{v.\,min}$ 为任意一点的最小值，而非最小平均值。
3. 观众席——前 12 排坐姿高度倾斜计算平面，12 排以后的照度均匀递减。
4. 比赛场地内与场地四周垂直相交的四个平面上任何一点的 $E_{v.\,min}$ 与 $E_{v.\,max}$ 之比值应等于或大于 0.6。
5. 奥运会期间该照度为最低限度。主摄像机 C1 号最大垂直照度位于瞄准垫子中心位置。
6. 缩写与定义：
　　FOP：主赛区，指双边线及端线范围内的区域。
　　TPA：整个比赛场地，包括场地外的缓冲区域。
　　Cam：摄像机，C1 号摄像机为主摄像机。
　　AMZ：投球线及端线的区域。
　　Spec：观众席。

拳击场照明标准   附录表 −40

位置	照度（lx）		照度均匀度（最小值）			
	$E_{v.\,Cam.\,min}$	$E_{h.\,ave}$	水平方向		垂直方向	
	（见注 2）		E_{min}/E_{max}	E_{min}/E_{ave}	E_{min}/E_{max}	E_{min}/E_{ave}
比赛场地	1400		0.7	0.8	0.7	0.8
裁判区	1400		0.5	0.7	0.5	0.7
运动员进场通道	1000		0.5	0.7	0.5	0.7
隔离区（护栏外）		≤ 150	0.4	0.6		
观众（C1 号摄像机）	见比值表				0.3	0.5

$E_{h.\,ave.\,FOP}/E_{v.\,ave.\,CAM.\,FOP}$	≥ 0.75 和 ≤ 1.5
$E_{h.\,ave.\,TPA}/E_{v.\,ave.\,TPA}$	≥ 0.5 和 ≤ 2.0
$E_{h.\,ave.\,TPA}/E_{h.\,ave.\,FOP}$	0.5 ~ 0.7
FOP 计算点四个平面 E_v 最小值与最大值的比值	≥ 0.6
TPA 计算点四个平面 E_v 最小值与最大值的比值	≥ 0.4
$E_{v.\,ave.\,C1.\,spec}/E_{v.\,ave.\,C1.\,FOP}$	≥ 0.1 和 ≤ 0.20
照度梯度	UG–FOP（1m 和 2m）	≤ 20%
	UG–TPA（4m）	≤ 20%
	UG– 观众席（主摄像机方向，4m）	≤ 20%
光源	CRI Ra	≥ 90
	T_k	5600K
相对于固定摄像机的眩光等级 GR		≤ 40

注：1. 关于摄像机机位，由电视转播公司确定。

2. $E_{v.\,min}$ 为任意一点的最小值，而非最小平均值。

3. 观众席——前 12 排坐姿高度倾斜计算平面，12 排以后的照度均匀递减。

4. 比赛场地内与场地四周垂直相交的四个平面上任何一点的 $E_{v.\,min}$ 与 $E_{v.\,max}$ 之比值应等于或大于0.6。

5. 计算网格为 1m×1m。

6. 在转播期间，不得有任何阳光射入。

7. 奥运会期间该照度为最低限度。主摄像机 C1 号最大垂直照度位于瞄准拳击台中心位置。

8. 国际业余拳击联合会要求的最低垂直照度为 2000lx

9. 缩写与定义：

　　FOP：主赛区，指拳台范围内的区域，7m×7m。

　　TPA：整个比赛场地，包括场地外的缓冲区域。

　　Cam：摄像机，C1 号摄像机为主摄像机。

　　Spec：观众席。

柔道、摔跤、跆拳道、武术场照明标准　　　　　　　　　　　附录表 —41

位置	照度（lx）		照度均匀度（最小值）			
	$E_{\text{v. Cam. min}}$	$E_{\text{h. ave}}$	水平方向		垂直方向	
	（见注 2）		$E_{\min}/E_{\max}$	$E_{\min}/E_{\text{ave}}$	$E_{\min}/E_{\max}$	$E_{\min}/E_{\text{ave}}$
比赛场地	1400		0.7	0.8	0.7	0.8
全赛区（护栏之内）	1400		0.6	0.7	0.4	0.6
隔离区（护栏外）		≤ 150	0.4	0.6		
观众（C1 号摄像机）	见比值表				0.3	0.5

$E_{\text{h. ave. FOP}}/E_{\text{v. ave. CAM. FOP}}$		≥ 0.75 和 ≤ 1.5
$E_{\text{h. ave. TPA}}/E_{\text{v. ave. TPA}}$		≥ 0.5 和 ≤ 2.0
$E_{\text{h. ave. TPA}}/E_{\text{h. ave. FOP}}$		0.5 ~ 0.7
FOP 计算点四个平面 E_{v} 最小值与最大值的比值		≥ 0.6
$E_{\text{v. ave.C1. spec}}/E_{\text{v. ave. C1. FOP}}$		≥ 0.1 和 ≤ 0.20
照度梯度	UG–FOP（1m 和 2m）	≤ 10%
	UG–TPA（4m）	≤ 20%
	UG– 观众席（主摄像机方向）	≤ 20%
光源	CRI Ra	≥ 90
	T_k	5600K
相对于固定摄像机的眩光等级 GR		≤ 40

注：1. 关于摄像机机位，由电视转播公司确定。
　　2. $E_{\text{v. min}}$ 为任意一点的最小值，而非最小平均值。
　　3. 观众席——前 12 排坐姿高度倾斜计算平面，12 排以后的照度均匀递减。
　　4. 比赛场地内与场地四周垂直相交的四个平面上任何一点的 $E_{\text{v. min}}$ 与 $E_{\text{v. max}}$ 之比值应等于或大于 0.6。
　　5. 计算网格为 1m × 1m。
　　6. 在转播期间，不得有任何阳光射入。
　　7. 奥运会期间该照度为最低限度。主摄像机 C1 号最大垂直照度位于瞄准场地中心方向。
　　8. 缩写与定义：
　　　　FOP：主赛区，指拳台范围内的区域，7m × 7m。
　　　　TPA：整个比赛场地，包括场地外的缓冲区域。
　　　　Cam：摄像机，C1 号摄像机为主摄像机。
　　　　Spec：观众席。

场地自行车照明标准   附录表 —42

	照度（lx）		照度均匀度（最小值）			
			水平方向		垂直方向	
	$E_{v. Cam. min}$	$E_{h. ave}$	E_{min}/E_{max}	E_{min}/E_{ave}	E_{min}/E_{max}	E_{min}/E_{ave}
全赛区	1400	见比值	0.7	0.8	0.7	0.8
比赛服务区	1000		0.6	0.7	0.4	0.6
终点线	1400		0.7	0.6	0.9	0.9
隔离区（护栏外）			0.4	0.6		
观众席（C1，4，5 号摄像机）	见比值				0.3	0.5

比率

$E_{h. ave. FOP}/E_{v. ave. Cam. FOP}$	≥ 0.75 且 ≤ 1.5
$E_{h. ave. SS}/E_{v. ave. SS}$	≥ 0.5 且 ≤ 2.0
FOP 计算点四个平面 E_v 最小值与最大值的比值	≥ 0.6
$E_{v. ave. C1. spec}/E_{v. ave. C1. FOP}$	≥ 0.1 且 ≤ 0.25
$E_{v. min. TRZ}$	≥ $E_{v. ave. C1. FOP}$

均匀度变化梯度（最大值）

UG–FOP（2m 和 1m 格栅）	≤ 10%
UG–SS（4m 格栅）	≤ 20%
UG– 观众席（正对 1 号摄像机）	≤ 20%

光源

CRI Ra	≥ 90
T_k	5600K

镜头频闪 – 眩光指数 GR

固定摄像机的眩光指数	≤ 40

注：1. 关于摄像机机位，由电视转播公司确定。

2. $E_{v. min}$ 为任意一点的最小值，而非最小平均值。

3. 观众席——前 12 排坐姿高度倾斜计算平面，12 排以后的照度均匀递减。

4. 比赛场地内与场地四周垂直相交的四个平面上任何一点的 $E_{v. min}$ 与 $E_{v. max}$ 之比值应在 0.6 ~ 0.9，垂直相交的四个面既可以垂直与场地的四边，也可以与场地四边成 45° 角。

5. 除有特殊规定，计算网格为 1m × 1m。

6. 在转播期间，不得有任何阳光射入。

7. 奥运会期间该照度为最小值。

8. 缩写与定义：

TPA：整个比赛场地，包括场地外的缓冲区域。

Cam：摄像机，C1 号摄像机为主摄像机。

Spec：观众席。

射击项目照明标准 附录表 -43

	照度（lx）		照度均匀度（最小值）			
			水平方向		垂直方向	
	$E_{v.\ Cam.\ min}$	$E_{h.\ ave}$	E_{min}/E_{max}	E_{min}/E_{ave}	E_{min}/E_{max}	E_{min}/E_{ave}
全赛区	1400	见比值	0.7	0.8	0.7	0.8
全赛区周边（护栏内）	1000		0.6	0.7	0.4	0.6
隔离区（护栏外）		≤ 150	0.4	0.6		
观众席（C1 号摄像机）	见比值				0.3	0.5

比率

$E_{h.\ ave.\ FOP}/E_{v.\ ave.\ Cam.\ FOP}$	≥ 0.75 且 ≤ 1.5
$E_{h.\ ave.\ FS}/E_{v.\ ave.\ FS}$	≥ 0.5 且 ≤ 2.0
$E_{h.\ ave.\ FS}/E_{h.\ ave.\ FOP}$	≥ 0.5 且 ≤ 0.7
FOP 计算点四个平面 E_v 最小值与最大值的比值	≥ 0.6
$E_{v.\ ave.\ C1.\ spec}/E_{v.\ ave.\ C1.\ FOP}$	≥ 0.1 且 ≤ 0.2
ARZ（终点）$/E_{v.\ min.\ C1}$	≥ $E_{v.\ ave.\ C1}$

均匀度变化梯度（最大值）

UG–FOP（2m 和 1m 格栅）	≤ 10%
UG–FOP 周边（4m 格栅）	≤ 20%
UG– 观众席（正对 1 号摄像机）	≤ 20%

光源

CRI Ra	≥ 90
T_k	5600K

镜头频闪 – 眩光指数 GR

固定摄像机的眩光指数	≤ 40

注：1. 关于摄像机机位，由电视转播公司确定。

2. $E_{v.\ min}$ 为任意一点的最小值，而非最小平均值。

3. 观众席——前 12 排坐姿高度倾斜计算平面。

4. 比赛场地内与场地四周垂直相交的四个平面上任何一点的 $E_{v.\ min}$ 与 $E_{v.\ max}$ 之比值应不低于 0.6。

5. 除有特殊规定，计算网格为 1m×1m。

6. 在转播期间，不得有任何阳光射入。

7. 奥运会期间该照度为最小值。

8. 如果固定摄像机方向的最小垂直照度为 2000lx，则移动摄像机方向上的最小垂直照度不应低于 1400lx。

9. 缩写与定义：

TPA：整个比赛场地，包括场地外的缓冲区域。

Cam：摄像机，C1 号摄像机为主摄像机。

Spec：观众席。

击剑场照明标准

附录表 −44

位置	照度（lx）		照度均匀度（最小值）			
	$E_{v.\,Cam.\,min}$	$E_{h.\,ave}$	水平方向		垂直方向	
	（见注2）		E_{min}/E_{max}	E_{min}/E_{ave}	E_{min}/E_{max}	E_{min}/E_{ave}
比赛场地	1400	见比值	0.7	0.8	0.6	0.7
场地周边（边线外，护栏之内）	1000	见比值	0.6	0.7	0.4	0.6
隔离区（护栏外）		≤ 150	0.4	0.6		
观众（C1 号摄像机）	见下				0.3	0.5

$E_{h.\,ave.\,FOP}/E_{v.\,ave.\,CAM.\,FOP}$	≥ 0.75 和 ≤ 1.5
$E_{h.\,ave.\,TPA}/E_{v.\,ave.\,TPA}$	≥ 0.5 和 ≤ 2.0
FOP 计算点四个平面 E_v 最小值与最大值的比值	≥ 0.6
$E_{v.\,ave.\,C1.\,spec}/E_{v.\,ave.\,C1.\,FOP}$	≥ 0.1 和 ≤ 0.25

照度梯度	UG–FOP（1m 和 2m）	≤ 10%
	UG–TPA（4m）	≤ 20%
	UG– 观众席（主摄像机方向）	≤ 20%
光源	CRI Ra	≥ 90
	T_k	5600K
相对于固定摄像机的眩光等级 GR		≤ 40

注：同附录表 −42。

附录 II 我国部分体育馆比赛场地水平照度测算表

2009 年 10 月 29 日　　　　　　　9:40 ～ 10:25　　　　　　　单位：lx

X / Y

Y＼X											
						23.4					
					19.3	22.5	18.9				
				20.6	22.3	29.9	22.9	21.8			
			25.7	20.4	34.1		37.8	22.4	23.9		
		29.9	22.8				43.9	25.1	26.8		
		27.3	49.3					51.8	30.1		
	36.6	32.1	76.1	81.6	84.5	83.9	82.1	75.7	68.1	33.8	30.2
	43.6	41.5	88.5	94.5	97.7	97.1	93.5	90.1	82.1	42.9	35.9
	52.7	53.2	96.3	100.9	103.5	103.1	103.8	97.2	87.8	51.9	44.1
	63.6	64.9	98.9	110.8	114.6	114.2	112.1	106.4	99.3	60.1	55.6
	74.4	74.4	109.1	118.1	120.9	121.2	118.9	113.9	104	72.6	64.3
	78.4	81.6	122.7	129.3	124.8	123.6	127.3	124.5	120.4	76.1	72.2
	78.4	81.6	122.7	129.4	133.3	132.8	129.5	125.4	114.4	81.4	72.6
	82.6	87.3	132.4	139.4	149.8	150.2	150.7	138.9	118.5	85.3	78.9
	87.8	88.7	126.6	135.2	138.7	145.2	147.6	138.5	126.4	99.8	96.3
	87.8	87.3	124.3	134.3	142.6	148.6	141.4	131.6	125.7	93.4	91.3
	82.6	83.4	114.1	135.4	144.9	137.4	132.5	128.8	117.7	84.7	80.9
	78.5	75.3	100.4	113.6	128.9	137.4	130.3	120.9	109.3	73.5	67.7
	66.4	68.8	93.1	111.5	126.9	122.8	120.3	119.9	99.7	59.6	60.3
	63.3	57.5	75.2	87.7	101.7	111.7	106.7	94.2	82.2	52.4	50.1
	52.4	46.8		61.7				60.3		40.5	45.1
		40.1			51.1		52.1			35.6	
		45.7	34.2			46.5				35.9	38.3
			40.1	34.6				35.1	33.8		
				34.1	32.7		31.2	32.6			
					31.2	32.7	34.2				
						30.2					

E_{min}	E_{max}	E_{ave}	U_1	U_2	
18.9	150.7	81.1	0.125	0.233	$U_1 = E_{min}/E_{max}$
					$U_2 = E_{min}/E_{ave}$

老山自行车馆比赛场地水平照度测算 2　　　　　　　　　　　　附录表 —46

2009 年 10 月 29 日　　　　　　　　12:30 ~ 13:20　　　　　　　　单位：lx

X / Y										
					26.1					
				27.7	25.2	25.3				
			26.7	26.7	27.1	26.1	25.9			
		28.1	27.4	30.5		31.2	27.4	28.6		
	34.2	29.9	37.9				39.7	29.6	33.5	
	33.8	44.7						45.8	35.1	
39.3	42.5	51.1	56.2	60.3	63	64.2	58.8	56.1	42.2	41.3
48.1	48.6	60.2	67.7	70.5	76.4	76.7	74.7	66.4	54.6	51.6
59.8	60.8	68.6	78.1	84.6	88.5	89.4	84.6	78.6	62.1	62.6
74.4	75.3	84.3	89.6	96.2	99.6	97.8	96.3	93.4	76.3	73.4
86.8	87.7	94.7	108.1	112.1	114.4	111.6	107.4	103.3	86.4	83.4
99.1	98.9	105.2	113.2	119.9	121.4	119.9	116.1	109.2	98.6	94.2
99.1	98.9	109.8	118.3	125.8	127.7	128.6	122.8	112.3	108.4	94.9
102.5	101.9	120.3	126.2	131.6	132.1	132.9	128.1	124.3	109.5	105.6
106.1	106.6	104.7	113.5	120.2	125.7	120.5	114.7	110.7	104.5	96.4
110.6	106.5	104.4	118.2	124.4	120.5	116	110.5	104.5	103.3	98.9
105.4	105.2	98.9	109.1	119.9	125.2	119	110.1	104.4	99.4	91.4
97.6	93.6	94.7	103.9	118.4	123.9	119.3	110.4	101.2	94.9	85.6
87.6	81.4	85.1	95.3	108.1	119.2	114.6	106.2	101.4	92.8	80.9
74.1	66.3	69.2	77.2	94.1	104.9	112.6	97.6	89	66.7	76.2
62.6	53.4	60.1	67.3	77.4	90.1	93.6	91.4	75.5	57.3	60.2
	47.4	69.4						49.6	46.2	
	51.9	46.1	50.4				44.4	44.7	50.2	
		44.6	42.5	40.3		40.1	42.6	40.7		
		42.7	40.9		36.7	41.4	39.1			
			40.3		42	42.1				
					43.5					

E_{min}	E_{max}	E_{ave}	U_1	U_2	$U_1 = E_{min}/E_{max}$
25.2	132.9	75.8	0.19	0.332	$U_2 = E_{min}/E_{ave}$

中国农业大学体育馆比赛场地水平照度测算 1　　　附录表 —47

2009 年 10 月 26 日　　　　　10:00 ~ 11:00　　　单位：lx

X Y													
352	293	313	201	197.4	164.2	115.4	103.1	98.2	81.7	66.9	71.3	63.7	66.5
347	333	655	8240	242	195.6	159.2	131.7	105.3	104.3	80.1	72.2	79.5	71.9
1067	312	312	283	244	199.2	157.9	133.7	107	106.8	86.4	82.2	81.6	87
1290	328	306	292	237	194.2	159.1	133.9	113.3	115.4	94.7	83.4	86.8	98.3
312	1034	241	257	230	187.1	161.5	133.6	122.4	125.1	109.8	102.6	95.3	100.3
289	302	258	240	217	184.1	156.4	142.1	143.7	143.6	130.4	114.5	121.2	114.6
260	221	231	236	204	188.7	158.1	145.2	157.2	165.3	153.7	143.8	136.1	123.1
284	217	4320	214	210	187.5	165.4	161.1	181.1	183.9	169.8	162.6	137.7	139.1
206	182.2	244	207	184.4	194.2	182.5	183.4	195.2	194.2	193.6	183.4	180.9	162.4

E_{min}	E_{max}	E_{ave}	U_1	U_2	
63.7	8240	297.7	0.008	0.214	$U_1 = E_{min}/E_{max}$
					$U_2 = E_{min}/E_{ave}$

中国农业大学体育馆比赛场地水平照度测算 2　　　附录表 —48

2009 年 10 月 26 日　　　　　11:30 ~ 12:30　　　单位：lx

X Y													
272	278	253	226	217	206	150.1	131.4	126.1	102.7	85.4	87.8	73.6	68.1
258	262	249	271	250	249	194.1	170.3	139.8	123.4	104.9	97.2	86.5	77.2
10950	224	236	256	248	254	208	183.1	148.2	139.3	112.7	117.8	93.9	84.6
184.3	203	212	240	246	247	225	202	158.1	156.4	133.6	149.6	109.3	92.9
178.9	192.3	193.6	220	237	237	259	255	206	265	171.7	201	128.6	111.1
161.5	146.1	183.7	211	287	271	366	8790	661	382	254	246	173.2	143.1
147.2	142.7	167.8	204	274	298	337	1470	549	439	307	264	207	162.1
138.9	140.2	158.5	189.6	331	307	345	4160	410	461	343	320	233	182.3
116.9	128.7	146.4	180.1	407	336	358	427	429	473	406		253	196.5

E_{min}	E_{max}	E_{ave}	U_1	U_2	
68.1	10950	948.8	0.006	0.072	$U_1 = E_{min}/E_{max}$
					$U_2 = E_{min}/E_{ave}$

中国农业大学体育馆比赛场地水平照度测算 3　　　　附录表 −49

X	2009 年 10 月 26 日						14:30 ~ 15:30					单位：lx	
Y													
133.7	111.5	144.9	177.4	229	195	202	1255	393	1816	80.4	65.6	49.5	40.8
126.3	140.3	154.7	218	217	217	209	223	241	3040	97.7	76.3	59.2	45.8
121.9	124.1	140.2	177.2	198.7	222	5610	782	176.4	915	100.7	83.4	63.1	51.8
100.5	114.1	125.4	145.6	168.9	484	329	1127	168.8	514	104.2	89.6	71.4	58.9
96.6	109.6	107.9	122.1	135.4	148.7	140.3	158.1	152.7	160.8	109.4	96.7	79.8	65.9
86.9	87.4	92.4	94.6	109.1	115.6	130.3	145.7	135.8	137.8	121.5	105.3	84.5	71.9
82.3	83.4	83.8	90.5	98.2	103.4	113.5	129.9	129.3	132.4	119.2	104.3	92.6	76.2
74.1	82.5	73.9	79.3	94.3	94.7	108.2	119.6	128.9	124.5	122.2	107.9	95.1	84.6
65.1	77	70.6	78.4	92.8	93.6	103.2	112.6	123.3	123.9	119.2	107.4	99.9	87

E_{min}	E_{max}	E_{ave}	U_1	U_2	$U_1 = E_{min}/E_{max}$
40.8	5610	235.8	0.007	0.173	$U_2 = E_{min}/E_{ave}$

中国农业大学体育馆比赛场地水平照度测算 4　　　　附录表 −50

X	2009 年 10 月 26 日						16:30 ~ 17:30					单位：lx	
Y													
8.1	5.2	11.3	10.8	13.2	13.8	13.7	17.7	13.1	14.8	14.1	13.7	11.8	10.1
7.1	5.1	11.8	13.5	16	15.8	13.9	17.8	17.7	17.8	14.9	13.7	12.5	11.5
6.5	5.8	11.1	12.8	15.7	15.9	14.5	17.5	18.8	19.8	16.1	14.1	13.1	12.4
6.3	6.5	9.7	12.1	14.6	15.5	15.6	17.9	18.6	21.6	17.2	15.1	13.7	13.4
4.7	7.6	9.5	11.1	14.3	14.7	16	17.5	18.8	22.6	19.5	17.2	15.7	14.9
4.7	8.4	7.4	9.4	12.6	13.6	16.4	17.7	19.9	22.7	20.7	20.8	18.1	16.4
4.5	9	6.8	8.8	10.6	13.3	16.5	17.1	20.3	23.8	21.9	21.8	19.7	18.3
4.2	9.7	6.4	8.3	10.1	12.6	16.9	16.9	20.5	23.6	22.8	22.1	21.3	18.6
4.3	6.8	6.2	8.2	9.8	12.5	13.8	14.1	20.2	21.6	22.3	23.6	20.4	18.8

E_{min}	E_{max}	E_{ave}	U_1	U_2	$U_1 = E_{min}/E_{max}$
4.2	23.8	14.2	0.176	0.296	$U_2 = E_{min}/E_{ave}$

北京科技大学体育馆比赛场地水平照度测算 1

X		2009 年 10 月 23 日					7:45 ~ 9:15						单位：lx
Y	67.6	101.7	120.6	125.8	118.2	117.5	129.8	136.3	154.5	152.2	136.4	109.2	61.7
	88.8	111.2	133.9	135.1	132	137.1	137.7	148.3	177.6	175.4	151.5	113.7	73.5
	95.2	126.6	155.6	165.5	169.6	154.4	165.9	186.6	210	216	201	133.8	84.1
	107.8	152.3	161.8	190.1	199.4	210	207	243	265	271	213	151.6	117.7
	110.7	139.7	149.4	178.7	205	227	215	253	274	242	211	142.1	114.2
	103.4	137.9	150.7	182.3	197.2	222	227	253	255	225	181.9	136.2	95.9
	104	127.4	148.8	156.7	198.3	212	220	242	237	212	166.4	136.6	107.4
	98.2	122.9	149.8	182.9	195.2	215	216	237	238	220	184.4	148.5	91.3
	104.2	126.6	156.7	192.8	199.2	220	199.5	241	251	255	181.9	168.6	110.7
	107.6	135.6	169.1	197.3	196.5	218	230	251	262	263	212	193.3	104.5
	93.7	122.1	146.1	170.7	170.5	183	206	213	214	222	173.6	155.6	95.5
	72.4	118.4	135.1	136.2	134.5	139.4	149.8	157.1	159.5	179.1	148.3	136.6	80.2
	62.7	110.7	122.6	134.4	115.2	131.3	138.8	141.3	146.8	161	156.3	125.9	67.7

E_{min}	E_{max}	E_{ave}	U_1	U_2	$U_1 = E_{min}/E_{max}$
61.7	274	163.7	0.225	0.377	$U_2 = E_{min}/E_{ave}$

北京科技大学体育馆比赛场地水平照度测算 2

X		2009 年 10 月 23 日					11:30 ~ 12:30						单位：lx
Y	90.2	126	152.6	164.5	165.1	173.4	174.2	173.3	187.2	182.6	153.6	115.1	67.4
	107.3	132.6	164.2	186.9	178.9	179.2	207	206	219	196.5	161.3	133.7	70.9
	111.4	156.3	201	240	341	241	259	253	269	246	205	147.3	96.1
	132.9	191.6	221	285	307	295	323	337	336	324	241	172.7	129.2
	134.2	188.4	222	293	328	338	352	371	362	319	239	167.2	127.5
	122.9	182.7	224	292	331	348	360	377	354	311	229	153.3	108.4
	138.6	177.7	219	298	328	342	350	343	343	294	218	165.1	111.2
	131.9	166.4	222	286	327	344	354	356	345	305	224	180.7	93.8
	138.1	171.2	218	283	321	342	352	354	352	307	245	181.5	115.2
	120.9	174.7	226	277	301	324	333	343	345	262	241	204	111.4
	116.8	155.3	196.8	240	246	264	282	289	280	206	230	169.3	106
	92.6	142.3	169	192.2	183.3	187.3	201	215	203		181.4	150.2	87.8
	75.5	133.5	152.5	176.2	155.2	175.5	173.4	173.1	165.4	180.9	164.2	127.8	72.6

E_{min}	E_{max}	E_{ave}	U_1	U_2	$U_1 = E_{min}/E_{max}$
67.4	377	220.4	0.179	0.306	$U_2 = E_{min}/E_{ave}$

北京科技大学体育馆比赛场地水平照度测算3　　　　　　附录表 −53

X
　　　　2009 年 10 月 23 日　　　　　　　　　15:30 ~ 16:30　　　　　　单位：lx

Y												
70.3	106.5	131.1	127.2	112.2	121.8	117.7	122.7	138.4	143.6	126.1	98.7	50.8
89.3	110.4	146.1	147.4	139.8	134.5	137.1	148.1	159.8	155.6	135.4	99.6	58.6
92.5	132.5	166.1	192.8	182.6	172.9	177.1	182.2	192.3	186.5	169.2	131.2	81.3
102.1	161.4	177.1	221	216	221	228	234	246	236	184.4	137.5	117.4
110.9	150.7	162.7	218	221	225	234	251	243	212	176.3	129.3	106.6
96.3	142.4	169.8	204	214	218	231	243	231	176.7	164.3	121.3	83.4
104.5	141.9	161.2	203	212	213	213	226	216	172.2	156.5	113.1	82.3
113.2	134.2	163	198.9	210	218	212	224	214	195.5	166.4	119.5	78.3
112.5	136.7	169.8	198.7	216	222	216	229	233	219	184.5	149.8	92.6
111.2	144.9	188.1	207	212	235	236	238	252	224	210	172.1	95.7
104.7	132.9	162.8	188.4	176.8	188.6	206	208	182.5	205	189	140.7	85.8
75.8	126.6	136.4	157.5	136.4	138.2	151.5	156.3	147.3	163	155	125	72.5
64.3	110.8	128.8	135.4	117.6	128.9	129.5	124.5	124.4	147	140	117.9	63.6

E_{min}	E_{max}	E_{ave}	U_1	U_2		$U_1 = E_{min}/E_{max}$
50.8	252	161.1	0.202	0.315		$U_2 = E_{min}/E_{ave}$

"水立方" 比赛场地水平照度测算　　　　　附录表 -54

2009 年 10 月 31 日　　　　　10:30 ~ 13:30　　　　　单位：lx

X

Y

401	531	549	569	588	593	604	596	586	569	587	561	585	564	521	516	494	419
573	685	747	754	750	753	754	760	764	767	764	738	733	722	718	694	663	531
763	892	911	923	902	911	913	914	904	912	913	922	929	903	885	853	824	630
765	879	904	1090	1083	1082	1056	1071	1053	1057	1045	1039	1030	1015	992	937	885	684
786	903	920	1134											1074	1002	962	751
840	996	1027	1162											1082	1005	905	722
821	984	1007	1164											1107	1028	985	787
803	958	967	1212											1104	1025	1001	779
818	975	1001	1207											1122	1046	1008	784
837	972	1005	1247											1133	1055	1015	794
864	991	1031	1265											1128	1057	1006	793
886	1009	1023	1274											1134	1062	1012	782
881	1007	1047	1296											1133	1076	1038	796
874	1011	1046	1314											1131	1062	1043	798
879	1025	1041	1279											1145	1067	1054	811
901	1027	1040	1311											1141	1067	1053	808
933	1046	1048	1324											1149	1106	1055	807
896	1018	1036	1289											1162	1105	1045	803
874	1007	1031	1287											1158	1111	1063	820
872	995	1020	1317											1157	1102	1048	798
876	1012	1032	1332	1328	1320	1325	1325	1316	1287	1274	1257	1226	1202	1171	1140	1041	813
1083	1268	1258	1305	1341	1334	1331	1341	1328	1312	1294	1260	1243	1256	1293	1164	1071	826
1057	1175	1193	1221	1245	1251	1259	1247	1243	1222	1177	1171	1170	1159	1161	1082	1043	804
1056	1195	1227	1257	1270	1275	1320	1324	1306	1265	1244	1230	1211	1197	1181	1127	1027	801
981	1193	1212	1245	1208	1233	1256	1253	1244	1221	1165	1137	1143	1169	1186	1098	993	726
1006	1210	1218	1239											1149	1083	973	728
1048	1201	1204	1185											1148	1114	987	708
1017	1178	1176	1206											1114	1095	976	714
1006	1170	1216	1227											1172	1109	982	677
998	1154	1227	1257											1157	1104	935	681
958	1153	1148	1196											1091	1061	905	644
915	1078	1094	1144											1245	1045	865	618
889	1062	1070	1069											1003	1029	882	644
879	1008	1038	1029											995	1004	863	659
774	934	971	927	879	866	772	454	309	405	209	150	197	726	848	834	762	539
571	731	729	655	477	柱	283	322	319	304	柱	295	290	柱	703	751	681	543
482	517	465	544	526	451	347	340	372	289	277	296	297	422	521	505	484	392

E_{min}	E_{max}	E_{ave}	U_1	U_2	$U_1 = E_{min}/E_{max}$
150	1341	976	0.112	0.154	$U_2 = E_{min}/E_{ave}$

广州外语外贸大学比赛场地水平照度测算 1

附录表 −55

X	2009 年 11 月 9 日						10:20 ~ 11:00				单位：lx
Y											
231	401	542	836	772	580	554	425	449	345	268	146
420	452	618	938	857	648	596	485	498	380	308	246
489	506	662	1052	979	711	642	540	537	438	348	300
517	547	724	1155	1060	768	677	576	573	471	376	315
527	548	765	1176	1045	778	676	608	590	494	385	325
507	546	796	1112	1109	774	672	617	589	494	386	335
494	513	779	1052	996	739	654	617	575	489	370	313
421	476	758	1029	904	694	615	585	538	464	352	281
411	427	707	861	793	625	550	543	486	413	319	282
338	385	592	696	652	545	442	477	424	381	280	227
246	323	516	571	547	501	399	418	352	328	234	135

E_{min}	E_{max}	E_{ave}	U_1	U_2
135	1176	561.8	0.115	0.24

$U_1 = E_{min} / E_{max}$

$U_2 = E_{min} / E_{ave}$

广州外语外贸大学比赛场地水平照度测算 2

附录表 −56

X	2009 年 11 月 9 日						13:00 ~ 13:40				单位：lx
Y											
118	349	449	451	422	358	357	360	373	363	281	118
300	405	507	501	465	399	394	395	422	402	322	259
355	448	558	545	516	441	425	426	468	451	362	295
367	476	584	580	540	466	441	458	497	485	387	316
376	486	596	586	556	483	459	473	510	497	399	328
376	479	586	584	537	482	453	473	513	497	397	329
371	456	568	577	519	471	439	455	504	486	381	315
315	426	527	542	491	439	410	427	474	451	356	284
303	374	478	484	433	385	364	386	438	408	313	271
262	320	409	426	375	339	357	332	375	358	276	218
167	263	352	366	327	297	272	287	322	303	226	141

E_{min}	E_{max}	E_{ave}	U_1	U_2
118	596	407.6	0.198	0.29

$U_1 = E_{min} / E_{max}$

$U_2 = E_{min} / E_{ave}$

广州外语外贸大学比赛场地水平照度测算 3　　　　　　　　　　附录表 −57

2009 年 11 月 9 日　　　　　　　　　　　　　15:20 ～ 16:00　　　　　单位：lx

X											
Y											
113	283	349	372	353	322	313	282	231	284	209	61.7
275	327	391	399	392	357	349	312	506	317	239	130.3
337	352	427	441	435	398	380	342	361	365	273	145.3
358	391	448	469	466	424	403	367	397	394	295	161.1
381	404	451	477	479	437	419	377	419	412	305	162.8
373	400	446	481	472	438	418	377	431	409	310	167.7
365	388	435	462	457	399	406	366	435	397	297	160.6
309	369	407	442	430	390	375	340	427	385	278	147.4
302	334	374	389	391	358	317	309	402	349	248	136.9
240	286	321	337	340	307	293	270	315	305	210	113.1
169	237	276	288	294	272	251	231	271	258	188	71.1

E_{min}	E_{max}	E_{ave}	U_1	U_2		$U_1 = E_{min}/E_{max}$
61.7	506	336.1	0.122	0.184		$U_2 = E_{min}/E_{ave}$

广东药学院体育馆比赛场地水平照度测算 1　　　　　　附录表 −58

2009 年 11 月 7 日　　　　　　　　　　　　12:00 ～ 12:40　　　　单位：lx

X												
Y												
165	146.7	120.3	89.4	84.3	95.4	84.9	86.7	84.3	118.6	110.1	82.5	75.3
283	271	222	175.8	145.7	169.1	166	164.5	155.6	186	199.6	128.1	105.9
309	262	213	168.2	145.4	161.4	155.1	163.8	163.2	202	209	135.4	110.1
291	246	188.5	156.7	140.7	172.4	156.4	156.4	162.7	194.6	201	136.7	117.6
286	237	183.7	152.1	145.7	172.5	162.2	159.7	163.7	192.3	198.4	137.7	115.5
280	243	181.3	153.6	152.4	177.2	163.2	159.8	163.2	181.4	187.8	128.6	117.3
281	248	180.4	153.5	150.9	173.2	163.5	163.8	173.4	183.6	189.6	123.1	110.6
296	252	180.1	156.6	154.1	171.7	162.3	169.5	171.6	182.9	195.9	133.9	112.7
322	268	180.8	162.1	149.7	179.7	168.3	178.8	175.9	181.36	196	138.8	108.8
367	312	194.2	179.4	160.3	187.7	170.5	193.2	183.9	185.3	197.5	146.7	109.3
344	313	197.2	181.4	162.3	180.6	175.6	188.9	176.7	148.3	169.6	123.8	94.3
153	155	101.7	101.7	93.2	98.1	96.9	88.8	100.9	92.4	108.7	74.9	69.1

E_{min}	E_{max}	E_{ave}	U_1	U_2		$U_1 = E_{min}/E_{max}$
69.1	367	169.6	0.188	0.407		$U_2 = E_{min}/E_{ave}$

广东药学院体育馆比赛场地水平照度测算 2   附录表 −59

2009 年 11 月 7 日   14:00 ～ 14:40   单位：lx

X													
Y	129.7	138.2	124.6	131.6	127.6	115.7	104.1	79.6	82.1	85.1	81.6	88.6	78.6
	209	221	192.3	193.6	177.8	158.6	156.4	140.6	120.9	134.3	128.7	1231.4	103.3
	229	224	187.7	196.5	180.1	161.7	165.7	137.8	135.7	148.5	132.8	128.9	110.3
	221	214	188.5	191.2	184	172.3	175	148.8	144.3	147.2	140.1	131.4	112.7
	222	220	196.4	185.5	201	174.6	181	153.7	154.9	153.9	146.8	138.1	124.7
	239	233	208	199.8	218	187.7	193	164.3	149.2	158.1	147.3	138.9	126.5
	250	234	221	205	223	205	207	178.8	159.8	163.6	164.2	146.3	129.1
	280	259	227	217	239	211	226	194.2	182.5	177.9	188.2	168.9	143.7
	323	276	251	233	246	226	231	218	199	195.3	209	175.4	146.4
	381	344	291	270	285	283	251	255	204	215	239	191.5	150.1
	337	296	306	285	288	280	281	251	207	187.6	229	163.2	124.3
	105.2	113.7	105.2	108.9	123	109	102.8	97.4	87.3	78.2	96.9	87.7	80.2

E_{min}	E_{max}	E_{ave}	U_1	U_2		$U_1 = E_{min}/E_{max}$
78.2	1231.4	189	0.064	0.414		$U_2 = E_{min}/E_{ave}$

深圳游泳跳水馆比赛场地水平照度测算　　　　　　　附录表-60

2009 年 11 月 8 日　　　　　　　　14:00 ~ 15:30　　　　　　单位 : lx

X														
Y														
377	406	416	365	328	351	341	353	427	431	505	491	547	778	821
150	165	286	394	516	637	680	672	728	803	894	937	1069	1103	1438
163	192	227										1013	1231	1681
172	189	209										952	1164	1435
176	190	209										881	1104	1492
177	193	211										756	1064	1105
174	189	209										841	904	974
183	215	246										785	839	1004
184	238	296										864	811	843
118	223	250	338	415	469	522	537	552	584	575	572	594	582	587
27.2	50.2	87.1	137	153	171	182.6	205	207	208	199	171.7	196.9	161.7	62.6
21.3	24.1	27.3	36	38.8	52	64.4	71.4	75.9	86.1	78.5	84.6	66.8	33.2	29.1
26.9	20.7	24.7										35.5	27.7	24.7
16.5	18.6	19.7										26.6	25.2	24.2
22.4	19.7	20.2										27.3	23.8	25.6
20.4	20.6	21.8										35.1	33.9	31.3
22.5	24.1	23.7										45.3	43.9	37.5
25.4	26.4	27.9	28	34.9	48	49.8	51.8	53.1	52.6	53.1	52.8	52.7	54.2	35.5
33.9	38.2	39.7										63.4	65.4	50.8
41.2	52.6	61.9										92.3	86.6	62.4
57.4	69.3	73.2										106.8	97.1	74.7
70.5	98.3	108										118.4	108.3	78.7
105	134	153										155.7	142.4	106.5
128.7	169.3	194.6	141	161	169	180.1	188.2	192.7	199	203	202	194.6	182.6	135.4
101	136	170	191	204	227	226	231	231	230	224	219	207	190.2	158.4
87.3	115	134	154	183	177	158.8	161.4	162.2	162	165	171.7	158.4	142.5	109.4
114	148	177	185	201	217	232	245	252	247	240	243	236	215	158.6
145	226	267	310	336	351	388	400	404	406	409		373	347	278
136	172	198										302	277	210
128	138	156										221	225	174.2
106	112	123										184.6	177.2	138.2
104	99.9	122										151.3	148.7	125.2
72.7	86.7	98.1										139.2	125.1	104.7
54.2	64.1	76.9										116.1	118.1	90.5
31.6	46.1	56.4										105.3	90.9	60.3
73.3	106	113	110	101	97	94.3	76.1	79.5	68.4	77.3	54.4	54.8	46.2	38.2

E_{min}	E_{max}	E_{ave}	U_1	U_2	
17	409	108	0.042	0.157	

$U_1 = E_{min} / E_{max}$

$U_2 = E_{min} / E_{ave}$

东北大学游泳馆比赛场地水平照度测算　　　　　　附录表 −61

2009 年 4 月 1 日　　　　　　　　　　15:00 ～ 16:00　　　　　　单位：lx

Y \ X													
50.8	203	219	230	281	331	347	315	384	455	765	430	565	1113
169	232	248	273	311	365	415	418	503	579	667	737	537	424
297	258											646	1132
1018	399											562	442
894	656											626	1086
694	669											768	501
1299	683											734	1258
925	761											781	398
740	739											749	870
701	722											788	412
1261	665											832	1241
551	603											776	473
451	468											711	1013
408	438											669	437
350	324											625	1268
261	294											482	325
250	250											441	1420
234	234	235	295	320	371	407	451	458	509	571	543	615	375
173	189	219	247	291	351	390	416	430	514	360	364	420	1086

E_{min}	E_{max}	E_{ave}	U_1	U_2
50.8	1420	463.1	0.036	0.11

$U_1 = E_{min}/E_{max}$

$U_2 = E_{min}/E_{ave}$

沈阳奥体中心综合体育馆比赛场地水平照度测算 1

2010 年 4 月 2 日　　　　　　　　　9:00 ~ 11:00　　　　　　　单位：lx

X															
Y															
308	294	256	263	276	284	301	311	305	302	311	314	253	367	269	253
230	219	233	231	230	239	243	251	240	257	264	255	256	248	227	218
196	225	228	234	257	267	255	253	270	297	277	281	277	257	223	181
224	229	247	245	256	253	253	252	261	263	278	266	273	264	213	191
223	217	231	262	291	262	284	262	287	273	287	281	289	269	222	218
233	237	246	254	257	256	265	241	277	269	287	286	297	272	265	218
243	232	245	243	274	263	264	285	291	287	291	299	296	280	228	224
244	224	261	243	256	266	262	280	293	309	319	326	297	285	217	221
251	237	266	278	265	282	294	326	316	323	315	325	311	321	226	227
271	261	291	311	287	305	295	311	340	327	333	338	335	321	250	224
293	258	284	273	270	319	303	338	341	345	334	328	347	313	257	226
292	313	302	293	323	315	321	340	355	346	362	365	349	333	267	237
239	281	304	294	330	313	340	344	374	376	363	372	368	355	265	235
319	318	341	326	358	342	361	361	364	395	382	389	388	361	290	256
349	333	341	323	357	346	363	372	380	415	405	404	402	389	298	267
367	378	334	347	353	372	380	407	400	406	418	419	407	410	310	256
348	349	334	363	354	380	386	385	396	432	424	417	411	396	301	264
339	340	336	354	362	373	389	428	426	433	438	429	456	434	332	265
301	347	359	398	383	362	370	393	440	442	457	477	458	467	326	238
351	371	394	379	406	416	420	441	469	434	473	488	447	482	328	288
361	364	391	392	434	421	443	486	453	482	475	490	481	562	336	283
397	377	408	414	412	434	437	472	504	484	508	503	529	586	348	294
368	382	399	424	431	401	439	473	458	502	529	550	568	560	353	312
384	391	405	421	427	442	456	497	530	538	552	541	558	560	361	316
343	363	419	416	372	465	489	510	507	539	574	612	861	540	345	298
393	374	426	430	443	456	487	505	531	560	578	630	1381	539	432	304
337	366	396	433	442	470	493	488	564	570	649	776	638	539	333	272
254	304	357	379	408	425	442	462	498	518	613	1642	659	497	291	205
221	254	292	323	337	339	369	390	424	464	530	2690	558	417	248	179
159	194	224	233	235	243	248	269	290	321	374	455	447	288	207	155
116	142	170	180	186	194	200	216	235	250	260	258	259	206	156	121
88	100	105	126	123	131	134	139	154	169	170	171	151	122	116	100

E_{min}	E_{max}	E_{ave}	U_1	U_2		$U_1 = E_{min}/E_{max}$
88	2690	347.4	0.033	0.253		$U_2 = E_{min}/E_{ave}$

沈阳奥体中心综合体育馆比赛场地水平照度测算2　　　　　附录表-63

2010年4月2日　　　　　　　　　　14:00 ~ 16:00　　　　　单位:lx

Y															
180	179	178	235	306	356	422	521	907	3160	538	516	456	575	814	1416
166	166	204	259	307	356	409	469	511	469	453	479	532	649	977	6520
148	180	241	289	311	337	375	403	431	445	459	475	538	637	853	6250
152	171	221	203	203	235	281	324	375	397	405	378	428	642	357	256
114	108	140	158	163	182	203	237	243	240	237	242	244	269	359	336
141	140	183	169	176	217	248	304	350	394	419	423	522	4340	633	700
179	184	232	242	254	264	294	342	390	420	465	550	768	6160	706	734
179	183	228	242	242	267	292	345	414	444	495	612	5940	761	536	526
151	166	201	218	229	254	279	352	369	431	454	517	684	6170	651	512
160	157	196	208	215	231	253	334	410	459	564	5010	635	434	378	378
180	178	197	216	224	242	262	368	438	513	761	4170	509	426	369	401
173	186	206	229	238	251	272	388	487	591	6560	746	545	473	419	461
242	257	292	296	309	332	384	581	827	11190	775	587	572	482	443	460
255	272	303	306	326	347	403	665	3550	916	689	576	529	491	456	484
304	287	321	344	352	385	448	832	13280	862	649	607	538	515	492	552
294	301	336	354	354	371	505	1094	1116	699	607	574	545	525	498	552
276	298	344	374	377	414	569	13590	858	663	594	557	521	515	506	521
281	296	326	333	314	375	587	247	543	519	558	549	517	486	449	498
237	283	308	324	308	363	2970	859	663	582	565	518	468	440	453	428
270	312	354	279	406	574	563	594	556	549	540	516	538	510	442	471
282	314	373	406	408	488	542	605	573	564	545	524	524	567	458	475
271	316	409	406	424	510	558	603	587	561	551	586	566	530	497	509
264	224	403	442	454	492	556	592	607	611	572	567	578	1526	510	521
218	246	304	368	403	442	421	420	454	462	473	453	459	444	433	428
296	354	424	469	477	514	585	643	641	637	646	634	606	566	489	472
293	378	454	477	499	535	604	612	637	651	651	647	645	608	567	560
284	345	451	489	514	565	602	631	626	635	653	634	630	606	539	555
256	333	440	488	518	559	587	658	628	637	631	621	629	606	513	492
232	305	397	466	505	541	556	606	607	619	609	593	574	516	431	398
184	247	303	371	393	418	453	473	471	463	460	439	428	399	335	289
151	197	246	268	286	301	321	343	348	346	339	335	326	300	253	222
113	149	184	202	210	222	236	252	259	259	257	252	248	223	191	183

E_{min}	E_{max}	E_{ave}	U_1	U_2	
87	13590	595.1	0.006	0.146	$U_1 = E_{min}/E_{max}$
					$U_2 = E_{min}/E_{ave}$

南京奥体中心游泳馆比赛场地水平照度测算1　　　　　附录表 —64

2009 年 11 月 2 日　　　　　　　　12:00 ~ 13:20　　　　　单位：lx

X / Y

83.6	113.6	99.7	99.7	66.9	20.9	42.8	12.2	10.9	10.6	15.1	23.3	30.8	168.4	386	503
88.4	109.9	203	125	91.6	27.2	61.9	15.8	14.6	12.8	34.6	28.1	34.7	186.1	269	325
82.8	105.6	216	131	94.3	27.3	67.1	16.2	15.1	13.3	30.4	29.4	41.7	146.4	201	278
19.5	25.2				28.1	69.6	17.4						165.7		227
17.1	11.1				28.2	69.5	18.9						135.7		179.6
24.1	7.4				27.9	64.7	23.4						165		228
10.8	3.2				27.7	65.4	62.8						201		304
55.5	33.9				26.4	63.4	57.4						314		515
97.4	114.1	104.3	68.7	51.8	27.4	65.7	62.1	17.4	28.7	71.3	132.3	176	209	373	599
111.4	155.6	115.1	91.3	36.1	32.1	67.6	59.3	16.7	37.6	124.6	216	134	197	299	721

E_{min}	E_{max}	E_{ave}	U_1	U_2	
3.2	721	102.1	0.004	0.031	

$U_1 = E_{min}/E_{max}$

$U_2 = E_{min}/E_{ave}$

南京奥体中心游泳馆比赛场地水平照度测算 2

附录表 −65

	2009 年 11 月 2 日							16:00 ~ 17:00						单位：lx	

X

Y															
83.6	113.6	99.7	99.7	66.9	20.9	42.8	12.2	10.9	10.6	15.1	23.3	30.8	168.4	386	503
88.4	109.9	203	125	91.6	27.2	61.9	15.8	14.6	12.8	34.6	28.1	34.7	186.1	269	325
82.8	105.6	216	131	94.3	27.3	67.1	16.2	15.1	13.3	30.4	29.4	41.7	146.4	201	278
19.5	25.2				28.1	69.6	17.4						165.7	227	
17.1	11.1				28.2	69.5	18.9						135.7	179.6	
24.1	7.4				27.9	64.7	23.4						165	228	
10.8	3.2				27.7	65.4	62.8						201	304	
55.5	33.9				26.4	63.4	57.4						314	515	
97.4	114.1	104.3	68.7	51.8	27.4	65.7	62.1	17.4	28.7	71.3	132.3	176	209	373	599
111.4	155.6	115.1	91.3	36.1	32.1	67.6	59.3	16.7	37.6	124.6	216	134	197	299	721

E_{min}	E_{max}	E_{ave}	U_1	U_2
0.6	281	26.8	0.002	0.022

$U_1 = E_{min}/E_{max}$

$U_2 = E_{min}/E_{ave}$

深圳福田体育中心游泳馆比赛场地水平照度测算

附录表 −66

	2009 年 11 月 8 日							10:00 ~ 10:40						单位：lx	

X

Y															
688	262	93.1	313	486	1140	754	1423	867	1534	951	1657	1287	1309	587	212
190.9	179	126.3	194.3	3493	882	795	1084	943	1080	982	1436	1255	1588	737	270
79.3	119	171.2	179.8	503	738	735	961	884	982	1078	1201	1352	1987	831	316
153.3	116.4	184.4											904	488	329
132.3	124.3	172.9											843	536	382
115.6	111.3	163.1											832	583	369
98.3	111.9	226											789	586	375
92.5	114.5	279											789	600	367
101.8	160.4	301											726	614	367
104.5	181.6	302											693	606	227
123.4	183.3	291											639	567	311
117.1	166.3	265											604	536	297
116.1	147.1	247											549	483	245
105.7	137.1	209	279	377	429	454	423	475	467	471	472	536	516	408	214
91.6	115.6	176.3	225	296	320	349	351	347	374	374	324	396	370	303	173.8
79.6	94.3	143.2	180.9	249	273	260	274	271	291	289	287	291	275	201	135.1

E_{min}	E_{max}	E_{ave}	U_1	U_2
79	3493	568.8	0.023	0.139

$U_1 = E_{min}/E_{max}$

$U_2 = E_{min}/E_{ave}$

北京大学体育馆比赛场地水平照度测算　　　　　　　　　　　附录表 –67

2009 年 10 月 22 日　　　　　　　　　　　14:00 ~ 16:00　　　　　　　单位：lx

X / Y									
3.7	2.1	2.9	100.7	102.3	124.3	124.3	102.1	73.8	64.7
100.5	268	276	118	114.5	113.8	143.1	98.2	79.4	70.7
75.2	227	221	138.5	134.8	140.2	142.7	101.3	79.4	72.8
55.5	162.3	164.3	119.4	137.6	130	138.4	103.5	90.7	74.6
38.6	87.5	99.2	86.9	131.7	135.7	128.9	109.8	106.4	80.2
22.3	44.1	64.2	38.4	141.5	145.3	120.4	130.3	133.5	92.4
17.8	38.2	43.7	32.3	139.1	160.6	152.4	134.1	180.3	103.9
12.6	23.3	28.1	22.9	152	160.4	153	165.4	237	114.8
13.4	16.7	20.7	18.1	155.9	135.8	144.6	188.3	276	125.2
13.9	15.3	16.4	15.8	129.3	150.6	157.3	209	287	129.4
15.6	14.1	14.1	14.5	133.1	133	146.2	230	271	134.1
18.3	13.1	13.7	14.5	145.9	154.8	153.1	229	221	132.5
23.2	14.1	14.6	14.1	162.2	175.4	171.4	220	174.5	123.3
33.4	16.9	17.8	17	168.4	155.3	176.9	208	136.1	114.1
47.5	20.7	26.6	19.1	159.8	133.5	148.6	192.3	104.5	112.4
74.4	30.3	43.6	28.1	142.5	122.3	159.7	172.2	95.2	128.3
120.6	63	80.4	50.8	136.4	99.2	140.5	161.4	82.8	140.3
184.4	91.6	109.1	78.6	129.8	135.1	135.1	144.6	72.4	142.3
189.1	119.4	129	108.7	112.3	111.3	123.1	128.7	64.3	133.8
210	155.6	157.4	132.7	111.6	94.8	110.5	110.1	62.4	142.6
1.7	3.6	2.8	2.6	84.2	85.3	89.4	96.8	60.6	143.1

E_{min}	E_{max}	E_{ave}	U_1	U_2	$U_1 = E_{min} / E_{max}$
1.7	287	107	0.006	0.0159	$U_2 = E_{min} / E_{ave}$

	北京工业大学体育馆比赛场地水平照度测算					附录表 −68
	2009 年 10 月 29 日			17:30 ~ 18:30		单位：lx
X						
Y						
66.4	104.5	122.9	124.2	119.2	103.1	69.9
107	177	222	246	227	181	118.3
169	290	383	430	392	282	183.5
247	436	628	709	713	506	257
430	1055	1731	1605	1874	1142	388
569	1828	2180	2380	2070	1456	507
463	1190	2140	2380	2160	1327	498
441	919	1734	1572	1334	941	484
419	1368	2140	1684	2200	1051	508
414	1176	1690	1621	1940	1372	488
325	824	1295	1580	1147	761	396
298	581	921	1381	1007	718	396
313	829	1003	1371	1337	1102	471
289	730	1054	1350	2110	1380	465
259	654	1508	1515	1945	1147	394
231	424	686	766	721	547	303
191	297	413	417	406	338	229
151	194	186	251	249	215	177
104	147	168	171	191	163	144

E_{min}	E_{max}	E_{ave}	U_1	U_2	$U_1 = E_{min} / E_{max}$
66.4	2380	771.3	0.028	0.086	$U_2 = E_{min} / E_{ave}$

参考文献

[1] 路甬祥．中国可持续发展总纲（国家卷）[M]．北京：科学出版社，2007（2）．

[2] http://www.ccw.com.cn/news2/news/htm2006/20060321_168ZH.htm

[3] 江亿，薛志峰．公共建筑节能[M]．北京：中国建筑工业出版社，2007（11）．

[4] （日）纪古文树．建筑环境设备学[M]．李农，杨燕译．北京：中国电力出版社，2007（6）．

[5] 中华人民共和国建设部，国家体育总局．JGJ31－2003中华人民共和国行业标准——体育建筑设计规范[S]．北京：中国建筑工业出版社，2003（7）．

[6] 王乃静．价值工程概论[M]．北京：经济科学出版社，2006．

[7] （美）罗伯特·B·斯图尔特，邱菀华．价值工程方法基础[M]．北京：机械工业出版社，2007．

[8] 高履泰．建筑光环境设计[M]．北京：水利电力出版社，1991（11）．

[9] 田鲁主编．光环境设计[M]．长沙：湖南大学出版社，2006（8）．

[10] （美）M·戴维·埃甘，维克多·欧尔焦伊．建筑照明[M]．袁樵译．北京：中国建筑工业出版社，2006（1）．

[11] （德）赫尔穆特·考斯特．动态自然采光建筑原理与应用：基本原理·设计系统·项目案例[M]．王宏伟译．北京：中国电力出版社，2007（5）．

[12] （美）Gersil N·Kay．建筑光纤照明方法、设计与应用[M]．北京：机械工业出版社，2008（1）．

[13] NIPPO电机株式会社．间接照明[M]．许东亮译．北京：中国建筑工业出版社，2004（5）．

[14] （日）日本建筑学会．光和色的环境设计[M]．刘南山，李铁楠译．北京：机械工业出版社，2006（1）．

[15] http://sports.sina.com.cn/o/2002-07-13/13285510.shtml

[16] 中华人民共和国建设部．GB50034-2004中华人民共和国行业标准——建筑照明设计标准[S]．北京：中国建筑工业出版社，2004（12）．

[17] 中华人民共和国建设部．JGJ153－2007中华人民共和国行业标准——体育场馆照明设计及检测标准[S]．北京：中国建筑工业出版社，2007（11）．

[18] 李炳华，董青，中建国际设计顾问有限公司组．体育照明设计手册[M]．北京：中国电力出版社，2009．

[19] 李炳华，王玉卿．现代体育场馆照明指南[M]．中国电力出版社，2004（1）．

[20] 杨光璿，罗茂羲．建筑采光和照明设计[M]．北京：中国建筑工业出版社，1988（11）．

[21] 王萧 . 建筑装饰光环境工程 [M]. 北京：中国建筑工业出版社，2006（8）.

[22] 周太明，宋贤杰等 . 高效照明系统设计指南 [M]. 上海：复旦大学出版社，2004（6）.

[23] 李玲玲 . 体育建筑自然采光问题研究 [D]. 哈尔滨建筑工程学院硕士学位论文 .1988（6）.

[24] 李东哲 . 厦门体育馆天然光环境设计研究 [D]. 天津大学硕士学位论文 .2003（6）.

[25] 刘滢 . 游泳馆比赛厅天然光环境设计研究 [D]. 哈尔滨工业大学硕士学位论文 .2005.

[26] 杨锦 . 大空间体育馆建筑节能及其性能模拟分析研究 [D]. 华中科技大学硕士学位论文 .2002.

[27] 乐音 . 当代体育建筑生态化整体设计研究 [D]. 同济大学博士学位论文 .2005.

[28] 叶菁 . 高校体育馆功能运营节能的使用后评价——以北京四座场馆为例 [D]. 清华大学硕士学位论文 .2006.

[29] 中华人民共和国建设部 .GB/T 50378-2006 中华人民共和国行业标准——绿色建筑评价标准 [S]. 北京：中国建筑工业出版社，2006（3）.

[30] 中华人民共和国建设部 .GB50189 - 2005 中华人民共和国行业标准——公共建筑节能设计标准 [S]. 北京：中国建筑工业出版社，2005（4）.

[31] 栾景阳 . 建筑节能 [M]. 郑州：黄河水利出版社，2006（7）.

[32] 丛德惠 . 建筑节能设计禁忌手册 [M]. 武汉：华中科技大学出版社，2010（1）.

[33] Miles, Lawrence D.Techniques of Value Analysis and Engineering[M].First Published in 1961.2nd Edition.New York：McGraw Hill，1972.

[34] 清华大学建筑节能研究中心 . 中国建筑节能年度发展研究报告 2008[M]. 北京：中国建筑工业出版社，2008（3）.

[35] 张彩江 . 复杂价值工程理论与新方法应用 [M]. 北京：科学出版社，2006.

[36] 孙启霞，金宁 . 价值工程：动态不对称法 [M]. 深圳：海天出版社，2000（4）.

[37] 舒也 . 美的批判——以价值为基础的美学研究 [M]. 上海：上海人民出版社，2007（5）.

[38] 唐建荣 . 生态经济学 [M]. 北京：化学工业出版社，2005.

[39] 乔有让 . 价值工程理论与实践 [M]. 沈阳：东北大学出版社，1994.

[40] 国家标准局 .GB8223 - 87 中华人民共和国行业标准——价值工程基本术语和一般工作程序 [S]. 北京：中国标准出版社，1987（10）.

[41] 孙怀玉 . 实用价值工程教程 [M]. 机械工业出版社，1999（9）.

[42] 郑建国 . 技术经济分析 [M]. 北京：中国纺织出版社，2008（10）.

[43] 刘晓君 . 技术经济学 [M]. 北京：科学出版社，2008（2）.

[44] 魏彦杰 . 基于生态经济价值的可持续经济发展 [M]. 北京：经济科学出版社，2008（4）.

[45] 翁锡全 . 体育·环境·健康 [M]. 北京：人民体育出版社，2004（7）.

[46] 田川流 . 艺术美学 [M]. 济南：山东人民出版社，2007（7）.

[47] 杜书瀛 . 价值美学 [M]. 北京：中国社会科学出版社，2008（6）.

[48] 庄惟敏，栗铁 .2008 年奥运会柔道跆拳道馆（北京科技大学体育馆）设计 [J]. 建筑学报，2008，473（1）.

[49] 武毅，戴德慈 . 北京科技大学体育馆导光管照明系统 [J]. 照明工程学报，2008，19（4）.

[50] 中国国际设计顾问有限公司，北京国家游泳中心有限责任公司主编 . 漪水盈方——国家游泳中心 [M]. 中国建筑工业出版社，2008（11）.

[51] http://www.shuang-qing.cn/news/hyzx/200905/147.html

[52] 翁锡全 . 体育·环境·健康 [M]. 北京：人民体育出版社，2004（7）.

[53] 罗红，俞丽华 . 关于体育馆眩光控制指标的探讨 [J]. 照明工程学报 .2000（9）.

[54] 李铁楠 . 在体育照明设计中强化以人为本的理念 . 首届体育运动场馆照明工程设计与新技术研讨会专题报告文集 [C]. 北京，2001.

[55] （日）斋藤公男 . 空间结构的发展与展望——空间结构设计的过去·现在·未来 [M]. 季小莲，徐华译 . 北京：中国建筑工业出版社，2006（1）.

[56] 梅季魁，刘德明，姚亚雄 . 大跨建筑结构构思与结构选型 [M]. 北京：中国建筑工业出版社，2002（12）.

[57] 建筑思潮研究所 .[建筑设计资料]2 体育馆·施设 [M]. 东京：株式会社建筑资料研究社，2004.

[58] 谷口汎邦 . スポーツ施设 [M]. 市ヶ谷出版社，2000（11）.

[59] 涂志伟 . 体育馆室内设计与声光环境 [D]. 清华大学硕士学位论文 .1988（5）.

[60] 陈晓明 . 高校体育馆设计研究 . 湖南大学硕士学位论文 . 2001.

[61] 张雯，张三明 . 建筑遮阳与节能 . 华中建筑 [J].2004（5）.

[62] （美）Gersil N·Kay. 建筑光纤照明方法·设计与应用 [M]. 马鸿雁，吴梦娟译 . 北京：机械工业出版社，2008（1）.

[63] 吴硕贤，夏清 . 室内环境与设备 [M]. 北京：中国建筑工业出版社，1996（10）.

[64] 马晖 . 膜结构建筑的发展与设计研究 [D]. 清华大学硕士学位论文 .2003（5）.

[65] 《大师系列》丛书编辑部 . 伊东丰雄的作品与思想 [M]. 北京：中国电力出版社，2005（7）.

[66] 陈晋略，贝思出版有限公司 . 体育建筑 [M]. 沈阳：辽宁科学技术出版社，2002（9）.

[67] 姚欲昌等 . 玻璃采光顶在大跨度屋盖中应用的实践与探索 . 第十届空间结构学术会议论文集 [C]. 北京，2002.

[68] 王波 . 建筑智能化概论 [M]. 北京：高等教育出版社，2009（1）.

[69] 杨建昊，金立顺 . 广义价值工程 [M]. 北京：国防工业出版社，2009.

[70] O'brien, J.J.Value Analysis in Design and Construction [M].New York：McGraw Hill，1976.

[71] Kaufman, J.J.FAST Doesn't Flow：Proceedings of the 2004 SAVE International

Conference [C].Montreal：Quebec，2004.

[72] Ruggiero，Vencent Ryan.Becoming a Critical Thinker[M].New York：Houghton Mifflin Company，2002.

[73] 金磊 . 安全奥运论：城市灾害防御与综合危机管理 [M]. 北京：清华大学出版社,2003（10）.

[74] 建筑思潮研究所 .[建筑设计资料]4 体育馆·武道场·屋内プール [M]. 东京： 株式会社建筑资料研究社，2005.

[75] SD 别册 32 号 . スポーツための空间：スポーツ施设的の新しい风 [M]. 鹿岛出版社,1998(11).

[76] http：//www.jikukan-ogbc.jp/building.Html

[77] http：//www.youboy.com/pics17427624.html

[78] http：//old.jfdaily.com/gb/ jfxww/ xwzt/ sports/ 2007/ node34259/ node34634/ userobject1ai1842076.html

[79] 滕惠根 . 浅析建筑玻璃幕墙节能技术 [J]. 硅谷 .2009（3）.

[80] （英）彼得·F·史密斯 . 适应气候变化的建筑——可持续设计指南 [M]. 邢晓春等译 . 北京：中国建筑工业出版社，2009（5）.

[81] 杜书瀛 . 价值美学 [M]. 北京：中国社会科学出版社，2008（6）.

[82] 李大夏 . 路易斯·康 [M]. 北京：中国建筑工业出版社，1993（8）.

[83] 张先玲 . 建筑工程技术经济 [M]. 重庆：重庆大学出版社，2007（8）.

[84] Saaty，T.L.The Analytical Hierarchical Process[M].New York：McGraw Hill，1980.

[85] 杨赟 . 初探建筑设计中的自然采光与节能 [D]. 同济大学硕士学位论文 .2004.

[86] 罗涛 . 玻璃幕墙建筑的室内外天然光环境研究 [D]. 清华大学硕士学位论文 .2005.

[87] 唐振中 . 活动外百叶的采光遮阳性能研究 [D]. 清华大学硕士学位论文 .2006.

[88] 秋山兼夫，田中秀春 . 价值工程函授教材 [M]. 张耀滔等译 . 北京：机械工业出版社，1985.

[89] 玉井正寿 . 价值分析 [M]. 于乔等译 . 北京：机械工业出版社，1981.

[90] 张传吉 . 建筑业价值工程 [M]. 北京：中国建筑工业出版社，1993（6）.

[91] 孙继德 . 建设项目的价值工程——高等学校工程管理专业系列教材 [M]. 北京： 中国建筑工业出版社，2004（12）.

[92] 钱锋，薛长生 . 体育馆室内采光与照明设计探讨 [J]. 室内设计与装修 .2000（9）.

[93] 王爱英，沈天行 . 天然光照明新技术探讨 [J]. 灯与照明 .2002（5）.

[94] 杨平 . 环境美学的谱系 [M]. 南京：南京出版社，2007（9）.

[95] （芬兰）约·瑟帕玛 . 环境之美 [M]. 长沙：湖南科学技术出版社，2006（3）.

[96] 绿色奥运建筑研究课题组 . 绿色奥运建筑实施指南 [M]. 北京： 中国建筑工业出版社，2004（2）.

[97] 李恭慰 . 体育建筑照明设计手册 [M]. 北京：原子能出版社，1993.

[98] 北京市建筑设计研究院，《建筑创作》杂志社 . 奥林匹克与体育建筑 [M]. 天津： 天津大学出版社，2002（4）.

[99] 绿色奥运建筑研究课题组 . 绿色奥运建筑评估体系 [M]. 北京：中国建筑工业出版社，2004（2）.

[100] 北京市建筑设计研究院编写 . 奥林匹克与体育建筑 [M]. 天津：天津大学出版社，2002（4）.

[101]（英）汤姆·伍利等 . 绿色建筑手册 1[M]. 唐钜，许滇等译 . 北京：机械工业出版社，2006（1）.

[102]（英）汤姆·伍利，山姆·肯明斯 . 绿色建筑手册 2[M]. 徐琳译 . 北京： 机械工业出版社，2005（1）.

[103]（美）美国绿色建筑委员会 . 绿色建筑评估体系（第二版）[M]. 北京：中国建筑工业出版社，2002（10）.

[104] 宋德萱 . 建筑环境控制学 [M]. 南京：东南大学出版社，2003（1）.

[105]（美）布莱恩·爱德华兹 . 绿色建筑 [M]. 朱玲，郑志宇主译 . 沈阳： 辽宁科学技术出版社，2005（5）.

[106]（日）日本可持续建筑协会 . 建筑物综合环境性能评价体系——绿色设计工具 [M]. 北京：中国建筑工业出版社，2005（8）.

[107] 中国工程院土木水利与建筑工程学部 . 我国大型建筑工程设计发展方向 [M]. 北京： 中国建筑工业出版社，2005（5）.

[108]（法） 薛杰 . 可持续发展设计指南——高环境质量的建筑 [M]. 北京： 清华大学出版社，2006（6）.

[109]（美）伊恩·伦诺克斯·麦克哈格 . 设计结合自然 [M]. 黄经纬译 . 天津： 天津大学出版社，2006（10）.

[110] 胡立君等 . 体育营销——营销前沿系列 [M]. 北京：清华大学出版社，2005（5）.

[111] 马国馨 . 体育建筑论稿：从亚运到奥运 [M]. 天津：天津大学出版社，2007（1）.

[112] 世界环境与发展委员会 . 我们共同的未来 [M]. 王之佳，柯金良译 . 长春：吉林人民出版社，1997（12）.

[113] 薛志峰等 . 超低能耗建筑技术及应用——建筑节能技术与实践丛书 [M]. 北京： 中国建筑工业出版社，2005（3）.

[114] 田鲁 . 光环境设计 [M]. 长沙：湖南大学出版社，2006（8）.

[115] 张保华 . 现代体育经济学 [M]. 广州：中山大学出版社，2004（9）.

[116] 骆秉全 . 体育经济学概论 [M]. 北京：中国人民大学出版社，2006（5）.

[117] 杨京平 . 环境生态学 [M]. 北京：化学工业出版社，2006（5）.

[118] 卡尔松（加拿大）. 腾守尧 . 环境美学——自然艺术与建筑的鉴赏 [M]. 杨平译 . 成都： 四川人民出版社，2006（6）.

[119]（波兰）M·德瓦洛夫斯基 . 阳光与建筑 [M]. 金大勤等译 . 北京： 中国建筑工业出版社，

1982（8）.

[120] 日本 MEISEI 出版公司. 体育娱乐建筑——现代建筑集成. 沈阳：辽宁科学技术出版社，2000.

[121] 体育施設出版. スポーツ施設資材要覽 [M]. 体育施設出版，2001（11）.

[122] スコット・J・カラン，ジャネット・M・トーマス著. 環境管理の原理と政策：環境経済学教程 [M]. 生態経済学研究会訳，1999（8）.

[123] 西尾功. 全国スポーツ施設計画総覽 [M]. 産業タイムズ社，1998（12）.

[124] John Dawes.Design and Planning of Swimming Pools[M].The Architecture Press. London，1979.

[125] Marja-Riitta Norri.Six Journeys Into Architectural Reality[M].Architectural Review.1996（4）.

[126] 姚梦明. 体育照明产品特点及发展趋势 [C].2002 城市夜景照明及体育运动场馆照明技术研讨会专题报告文集. 北京，2002：110-111.

[127] 杨大强. 清华大学游泳跳水馆的照明设计 [C]. 首届体育运动场馆照明工程设计与新技术研讨会. 北京，2001：58-62.

[128] Barclay F.Gordon.Olympic Architecture：Building for The Summer Games[M]. Printed in The United States of Americac：8，11，15，21，28，32，51，68，81～83，103，104，123，137-139，165，177.

[129] 肖辉乾，赵建平，汪猛. 体育照明标准及其未来趋势 [C]. 首届体育运动场馆照明工程设计与新技术研讨会专题报告文集. 北京，2001：192.

[130] 李铁楠. 在体育照明设计中强化以人为本的理念 [C]. 首届体育运动场馆照明工程设计与新技术研讨会专题报告文集. 北京，2001：30-35.

[131] 姚欲昌等. 玻璃采光顶在大跨度屋盖中应用的实践与探索 [C]. 第十届空间结构学术会议论文集. 北京，2002：788.

[132] Gregory G.Lebel，Hal Kane，World Commission on Environment and Development. Our Common Future[M].Gro Harlem Brundtland.Oxford University Press，1987：87.

[133] Dennis Sharp.Kisho Kurokawa Oita Stadium[M].Oita，Japan.Edition Axel Menges. London.2002：22.

[134] Gianni Ranaulo.Light Architecture——New Edge City[M].Birkhäuser-Publishers for Architecture，Basel·Boston·Berlin.2001：34.

[135] 张凤文，刘锡良. 开合屋盖结构设计研究 [C]. 第十届空间结构学术会议论文集. 北京，2002：848.

[136] 杨大强. 清华大学游泳跳水馆的照明设计 [C]. 首届体育运动场馆照明工程设计与新技术研

讨会 . 北京，2001：58-62.

[137] 姚梦明 . 体育照明产品特点及发展趋势 [C].2002 城市夜景照明及体育运动场馆照明技术研讨会专题报告文集 . 北京，2002：110-111.

[138] Maggie Saikl.The Toyota City Stadium——Kisho Kurokawa——Architect and Associates[M].Edizioni Press，2000.

[139] 室外体育和区域照明的眩光评价系统 [C]. 张绍纲译 . 首届体育运动场馆照明工程设计与新技术研讨会专题报告文集 . 北京，2001：348-355.

[140] 杜江涛，王爱英 . 国内外建筑天然光研究的新方法 [J]. 灯与照明 .2002（4）：15-17.

[141] 何韶 . 探寻可持续发展的奥运建筑 [J]. 建筑创作 .1999（2）：33.

[142] 杨志刚 . 拱形彩钢板屋面游泳馆照明设计 [J]. 灯与照明 .2002，（10）：10-12.

[143] 张雯，张三明 . 建筑遮阳与节能 [J]. 华中建筑 .2004（5）：86-88.

[144] Sarah Noal（Co-ordinating Editor）.Sporting Space：a Pictorial review[M].The Graphic Image Studio Pty Ltd，Mulgrave，Australia.2003.

[145] Mark Major，etc.Made of Light—The Art of Light and Architecture.Birkhäuser-Publishers for Architecture[M].Basel · Boston · Berlin.2005.

[146] 闫羽 . 遮阳百叶在深圳会展中心工程中的应用 [J]. 建筑技术 .2004（9）：657-658.

[147] 赵西安 . 玻璃幕墙的遮阳技术 [J]. 建筑技术 .2003（9）：665-667.

[148] 林茨会议和展览厅 [J]. 世界建筑 .1992（2）：46-47.

[149] （德）克劳斯 · 丹尼尔斯 . 通过整体设计提高建筑适应性 [J]. 吴蔚译 . 世界建筑 .2000（4）：22.

[150] Derek Phillips.Lighting Historic Buildings.Butterworth-Heinemann Linacre House[M].Jordan Hill.1997.

[151] Foster and Partners.Reflections Norman Foster[M].David Jenkins，London.2005.

[152] 薛恩论 . 重视环境 · 文化传统与生态平衡的高技派建筑 [J]. 世界建筑 .2000（4）：27.

[153] 郝燕岚 . 形式与活力——体育馆比赛厅空间设计探讨 [J]. 北京建筑工程学院学报 .1996（3）：77-85.

[154] Othmar Humm，Peter Toggweiler.Photovoltaics in Architecture[M].Birkhäuser，Basel · Boston · Berlin.1993.

[155] 汪铮，李保峰，白雪 . 可呼吸的表皮——积极适应气候的双层皮幕墙解析 [J]. 华中建筑 .2002（1）：22-27.

[156] 罗红，俞丽华 . 关于体育馆眩光控制指标的探讨 [J]. 照明工程学报 .2000（9）：51-55.

[157] 静冈县富士水泳场 [J]. 体育施设月刊 .2003（5）：11.

[158] 日本建筑学会 . 建筑杂志增刊 . 作品选集 1999.1999（3）.

后 记

　　本书是我出版的第一本书，也是对我过去几年博士学位论文和后续研究的总结。本书的面世颇费周折，除了对原有的博士论文精挑细选重新编辑，还要紧扣时事追加新的内容。在本书即将付梓之际，心中感慨万千。

　　首先要感谢导师刘德明教授多年来对我的关心与指导。跟随先生学习已近十年，没有先生的接纳和引领，我可能已走向不同的人生之路，蒙刘老师不弃，引入学术之途，传道授业、栽培奖掖之恩，学生铭感在心、时时怀想。先生的博学多知与谦虚勤奋令我万分敬佩。先生的殷切期望和严厉要求令学生丝毫不敢懈怠，同时也是激励我前行的无穷动力。在此，谨向刘老师致以真诚的敬意，向师母的深切关怀表示衷心的感谢。

　　感谢沈阳五里河体育发展有限公司的郑婷女士、浙江江南工程建设监理有限公司的胡新赞总经理、CCDI的郑方建筑师以及所调研的各体育场馆管理负责人给予的协助。感谢同学张佳、郑好在北京和广州调研期间给予的帮助。

　　感谢建筑学院各位领导与老师多年来的热情关怀与培养。感谢建筑研究所的诸位老师和好友们，多年来的相互交流和勉励启发了本书的写作。

　　本书的顺利出版得到了中国建筑工业出版社徐冉和施佳明编辑的大力协助，在此致以深切的谢意。

　　感谢我的父母和家人，他们一直给予我关怀与鼓励，使我始终能够专心于学业。感谢我的丈夫于戈博士给予我的理解与支持，他是本书的第一读者，与他在学术上的相互探讨使我得以顺利完成本书。

　　谨把这一份成果和喜悦与他们共享。

　　最后，尊敬的读者朋友们，如果您合上这本书以后，能以比过去更为客观的角度看待体育馆天然光环境设计，那是我喜闻乐见的，也是我对本书怀有的最大期待。谢谢你们！

刘滢

2012 年初冬于哈尔滨